La Vengeance du ciel

Du même auteur

Éditions France Empire

La Petite piste, récit, 1968
Ciel d'affaires, récit, 1980
Paris-Pekin-Paris, la grande envolée, récit, 1988

Val de France Éditions (L'Atelier de L'Archer)

L'Abécédaire de l'aviation, 1999
Les Métiers de l'aviation, 1999

Editions Publibook

Les Corbeaux volent le bec en avant, roman, 2003

Les Editions de l'Officine

L'Afrique sous mes ailes, récit, 2004

François Dabin

La Vengeance du ciel

Publibook

Retrouvez notre catalogue sur le site des Éditions Publibook :

http://www.publibook.com

Éditions Publibook
14, rue des Volontaires
75015 PARIS – France
Tél. : +33 (0)1 53 69 65 55

IDDN.FR.010.0109639.000.R.P.2008.030.40000

Cet ouvrage a fait l'objet d'une première publication aux Éditions Publibook en 2008 à Jean-Claude BRUNET (1964)

à Sébastien REAULT (1992)

à Hervé PHILIZOT (1994)

à Pierre-Marie MAILLET (1997)

à Jacky RAFFESTIN (2005)

à…

Un pilote arrive… Un pilote s'en va…

Le JODEL amorce le dernier virage, la piste sera bientôt devant l'avion. D'un coup d'œil attentif Francis Dubois observe le comportement et les manœuvres de l'élève-pilote assis à ses côtés. L'aile droite s'abaisse doucement, puis, d'un mouvement régulier l'appareil retrouve une position horizontale, la double rangée de petites pyramides blanches s'offre à l'équipage, bien dans l'axe de la trajectoire.

Son regard survole le paysage de Sologne qu'il commence à bien connaître, cela fait maintenant deux mois qu'il assume ses fonctions d'instructeur de pilotage au sein de l'aéro-club qui habite ce modeste aérodrome. Là, vers le sud, le ruban bitumé qui dessert la petite plate-forme serpente entre les arbres avant de venir mourir face au hangar. Une *Dauphine* grise vient de quitter la route départementale et s'engage sur la voie d'accès aux installations.

— Voici Michel qui arrive !…

Le moteur de l'avion adopte un régime réduit, le futur pilote amorce la phase finale qui précède l'atterrissage. Francis Dubois est pleinement confiant, voici déjà plusieurs vols que cet élève exécute correctement cette manœuvre, et ce sans présenter le moindre risque ou nécessiter la moindre intervention de sa part.

Le tour de piste est effectué sans aucun danger, le pilotage est sain et ne présente aucun symptôme alarmant. Pour le jeune instructeur cela est satisfaisant, il est inutile de différer l'importante décision qu'il doit prendre, sa présence à bord de l'appareil devient dorénavant inutile pour la réalisation d'un simple tour de piste.

En cette fin d'après midi de septembre les conditions météorologiques sont clémentes. Le ciel accorde une fois encore ses faveurs afin de conclure cette première phase de l'instruction en vol dans de bonnes conditions. Il est important pour ce premier vol seul, pour ce lâché, que tous les atouts soient du bon côté. Le vent est calme, la manche à air est mollement ballottée par la brise bien dans le même axe que la piste. Le soleil, assez bas sur l'horizon à cette heure tardive de la journée, n'est aucunement gênant puisqu'il éclaire dans le dos lors de la délicate phase finale de l'atterrissage.

D'une main ferme le moniteur retient la manette des gaz et fait un signe enjoignant de regagner le parking. C'est décidé, il est totalement convaincu, le dernier tour de piste qu'ils viennent de conclure n'était nécessaire que pour lever l'ultime doute qui pouvait encore subsister dans son esprit, il lui permettait de rechercher la moindre faille qui aurait pu lui échapper jusqu'alors. Il lui permettait aussi, il faut bien l'avouer, de gagner un peu de temps pour finir de se convaincre lui-même.

L'appareil s'immobilise, il lui reste à franchir le pas, il déverrouille sa ceinture de sécurité et ouvre la verrière. Son élève paraît aussi décontracté que possible, Francis sait que celui-ci a compris où il veut en venir et il n'a pas à s'étendre en recommandations de toutes sortes. Il serait d'ailleurs trop tard pour reprendre toute l'instruction en palabres stériles, ce serait aussi mettre en question ses qualités d'instructeur.

Un rapide coup d'œil à la jauge à essence lui apporte le motif à un dernier conseil, il ne peut tout de même pas abandonner son élève comme cela, sans ne rien lui dire.

— Dans le moindre doute, n'hésitez pas à remettre les gaz, il n'y a pas de honte à cela, vous avez assez d'essence pour tourner jusqu'à la nuit…, à tout à l'heure.

Lorsqu'il s'engage sur l'aile pour gagner la terre ferme, Francis Dubois sent son pilote un peu tendu, c'est tout à fait logique. Arrivé à quelques mètres de l'avion il se retourne et d'un geste bref donne le top du départ.

Michel s'approche et le salue.

— C'est un lâché ?

— Oui !

Le regard de l'instructeur accompagne l'appareil qui cahote maladroitement en rejoignant la piste d'envol au milieu des balises oranges. Il n'est pas très loquace avec son interlocuteur.

— Ce soir on va boire… !

Oui, bien sur, c'est une tradition bien établie que se doit de respecter un pilote qui vient d'effectuer son premier vol seul à bord de sa machine.

L'avion s'élance et prend son essor, après un court silence Michel reprend la discussion à peine ébauchée :

— Cette après-midi la radio a relaté un abordage en vol qui s'est produit hier, en fin de journée, sur un aérodrome de la région parisienne. Un Morane 500 et un Morane 317 se sont heurtés en plein vol au-dessus de la piste, dans ce dernier appareil, un jeune pilote de dix-sept ans faisait du remorquage de planeur…, il y a trois morts.

Michel a la voix brisée par cette tragique nouvelle, il est lui-même vélivole et fervent adepte des sports aériens. Le JODEL quitte le sol et commence sa monté.

— Tu ne sais pas où exactement ?…

La question s'est imposée d'elle-même, tout naturellement, Francis vient à peine de quitter la grande banlieue de la capitale, il connaît beaucoup d'aérodromes dans ce secteur et aussi pas mal de pilotes qui les fréquentent.

— Non, à la radio ils n'ont donné que de très peu de précisions sur ce fait divers.

Le jeune instructeur hante les terrains d'aviation depuis plus de huit années, ce n'est pas le premier accident mortel qu'il apprend, chaque fois cela le touche très profondément. C'est l'affirmation d'une réalité toute simple, l'aviation n'est pas dangereuse en soi, mais elle ne pardonne pas la moindre erreur et exige une grande rigueur de tous les instants.

La moindre faille est tout de suite exploitée par la presse à sensation, l'accident aérien est très médiatique, il est souvent spectaculaire avec ses photos d'épave dispersée et attise les sensibilités. Il permet aux détracteurs de cette aviation légère et sportive de donner libre cours à leurs critiques acerbes plus ou moins justifiées.

Sa récente qualification d'instructeur de pilotage donne un éclairage nouveau et particulier à ces faits divers. La responsabilité de celui qui assure la formation d'un pilote se présente sous une lumière différente. Elle ne se résume pas en la stricte application du programme prévu par les textes. Il est important d'étudier point par point tous les éléments de base du pilotage avec une méthode bien précise. Il reste un élément non négligeable et difficilement contrôlable qui ne répond à aucun critère de généralité, c'est le facteur humain avec tous ses inconnus.

L'instructeur a-t-il négligé ce petit défaut, parfois caractériel, ce petit détail presque insignifiant qui risque, un jour ou l'autre, de provoquer l'incident, l'accident.

L'incident, en aviation, est à proscrire totalement, dans la grande majorité des cas le risque est important, il serait bien dommage qu'une simple négligence, au départ, se transforme rapidement en une catastrophe, la troisième dimension ajoute un élément d'incitation à la prudence.

Un exemple bien simple lui traverse l'esprit, le pilote, l'élève pilote, a-t-il suffisamment observé la zone où il évolue avant d'entamer un changement de direction afin d 'éviter un éventuel abordage, ou a-t-il simplement tourné la tête, par habitude, sans rien voir, seulement pour ne pas entendre son instructeur lui rabâcher ;

— et votre sécurité…

Bien des rapports d'accidents apportent la preuve que c'est uniquement la pratique fantaisiste de l'aviation légère qui rend cette discipline dangereuse. L'avion n'est pas dangereux, c'est le pilote qui le dirige qui peut l'être. Toute imprudence volontaire, par esprit de compétition doit être totalement exclue du comportement de l'homme aux commandes d'un engin volant.

L'exhibitionniste n'a pas sa place dans le tour de piste d'un aéro-club, un terrain d'aviation n'est pas un cirque où l'on peut se protéger avec des filets.

Le pilote qui, sous prétexte qu'il comptabilise 100, 200 heures de vols ou même parfois beaucoup plus sur son carnet, se permet des fantaisies inconsidérées aux commandes de son avion pour épater la galerie devient un homme dangereux, pour lui et pour les autres qui lui ont confié leur vie. Cela frise parfois l'inconscience la plus complète et ne mérite aucune considération si ce pilote n'envisage pas un changement de comportement.

Il y a malheureusement des cas où la fatalité réserve de désagréables surprises, des cas où un concours de circonstances non prévisibles, avec une probabilité infime, place l'homme devant un état de fait qui le laisse sans aucune défense. Quelle que soit sa science du pilotage, l'affrontement avec les éléments naturels et le hasard ne laisse aucune chance à l'être humain.

Cela ne représente, heureusement, qu'un très faible pourcentage des accidents qui surviennent, et, peut être, ce tout petit détail presque imperceptible, sans signification apparente, aurait évité de se trouver entraîné dans cette dernière phase sans issue s'il avait été pris en considération. L'expérience du moniteur aurait dû tirer la sonnette d'alarme et faire prendre conscience au pilote de son entière responsabilité avec toute sa réalité ainsi que des limites d'utilisation de sa machine.

Les réflexions laissent la place à la réalité qui s'impose lorsque le JODEL se présente face à la piste. Le moteur a changé de chanson, sa musique est plus discrète, les gaz réduits il a entamé sa descente vers le sol.

Michel respecte le silence de l'instructeur… L'avion se rapproche, cela semble correct. La prise de terrain est bien engagée. Francis n'a pas peur pour son élève, mais, toujours lors d'un « lâché », il reste le long de la rangée de balises, étreint par une certaine émotion et une petite appréhension. Il est vrai qu'il n'est moniteur que depuis quelques mois et il n'a pas encore l'habitude de cette épreuve humaine où il faut être apte à juger de la confiance que l'on peut mettre dans « l'homme », dans un autre que soi-même.

S'il arrivait quoi que ce soit, il serait totalement inutile puisqu'il n'est plus à bord de l'avion, prêt à reprendre les commandes… Ici il est aux premières loges et il sait que d'un regard furtif l'élève a relevé sa présence.

Les roues frôlent le sol sur près d'une centaine de mètres. C'est comme ci il était encore à sa place jusqu'alors habituelle, il sait que l'élève s'applique, il observe le moindre déplacement des gouvernes…, encore un petit peu de manche en arrière…, voilà, c'est bien… Un dernier contrôle de la direction et les roues prennent contact avec le pauvre gazon de la petite piste de Sologne que la bruyère grignote peu à peu. Le JODEL cahote joyeusement, comme s'il était heureux et satisfait de retrouver la terre ferme.

Francis avait bien tort de s'inquiéter, cela ne sert à rien mais ne se commande pas, un lâché, c'est tout de même quelque chose pour un élève en cours de progression, et aussi pour le moniteur qui en a pris la responsabilité. Pour lui, le retour de l'équipage est un moment d'intense émotion, il a réellement l'impression, à ce moment là, d'avoir fait un heureux.

Le vol est terminé, l'avion rejoint doucement le parking, un seul tour de piste est suffisant afin de se convaincre que l'on est devenu le maître de la machine et que l'on est maintenant capable de s'en faire obéir sans aucune contestation possible.

Ce jeudi de septembre 1964 se termine devant le bar de l'aéro-club où un pilote, oui, maintenant c'est un pilote, fête son premier vol seul à bord de son avion.

* * *

En ce vendredi après-midi les aiguilles de la montre ne semblent pas pressées d'indiquer dix-huit heures trente. De la fenêtre du bureau où Francis Dubois exerce ses talents de technicien il peut apercevoir, à côté des murs du bâtiment principal de l'usine, sur le parking réservé aux voitures du personnel, sa *deux chevaux* qui l'attend. Ce soir, dès que le klaxon aura retenti, il s'installera à son bord pour rejoindre son épouse qui se trouve à quelques cent vingt kilomètres d'ici, en direction de la région parisienne.

C'est l'aéro-club local qui lui a trouvé cet emploi dans une usine de mécanique de la région. Il n'est pas pilote professionnel et assume ses fonctions d'instructeur bénévole seulement en dehors de ses heures de travail.

Il n'a pas encore de logement dans cette petite ville où il réside depuis un peu plus d'un mois. Il habite, dans un confort relatif, une simple chambre mansardée dans un vieil immeuble du centre ville. Il quittera ce logis provisoire dès qu'un appartement lui sera attribué dans les

HLM en cours de construction, presque terminés, à quelques enjambées de l'usine.

Enfin les kilomètres de bitume déroulent leur interminable ruban sous les roues de sa voiture. En cette arrière saison la chaleur est lourde à supporter. L'été ne veut pas finir et le soleil couchant présage une agréable fin de semaine.

Un paysage connu défile sans grand intérêt pour le jeune homme, comme dans un film qu'il serait obligé de revoir pour la énième fois.

Voici les grandes arches du viaduc de chemin de fer qui enjambe la vallée du Loing et balise l'entrée de son village natal. La nuit est là et l'accompagne en cette fin de parcours. Elle recouvre la nature de son obscurité partiellement atténuée par la présence de lune. Le miroitement de la surface de l'eau lui rappelle qu'il longe le canal, ou plus précisément la courte portion de l'affluent de la Seine canalisée juste avant de se jeter dans le fleuve.

Dans quelques instants il sera chez lui, après une longue semaine d'absence, une semaine de travail de bureau qui lui laisse tout de même assez de loisirs, le soir venu, afin de se rendre sur l'aérodrome. Là, impatients, des élèves-pilotes l'attendent dès dix-huit heures trente, prêts à embarquer à bord du JODEL pour une leçon.

Machinalement, presque par instinct, il gare sa deux chevaux à une place autrefois habituelle, face à l'atelier de menuiserie de son père et se rend rapidement à la cabane aux planches disjointes qui abrite provisoirement son foyer, de l'autre côté de la route.

En embrassant son épouse, il aperçoit quelques larmes qui perlent au coin de ses yeux, cela n'est vraiment pas habituel et l'intrigue un peu…

— Qu'y a-t-il ?

— Jean-Claude…, elle ne peut terminer sa phrase, c'est inutile, il croit avoir compris.

D'un bond il est chez ses parents, un doute affreux lui a traversé l'esprit telle une flèche empoisonnée qui vient de toucher une cible sensible, Jean-Claude…

Là aussi l'accueil est meublé d'une grande tristesse, la larme à l'œil est présente.

Sans un mot sa mère lui tend le journal de la veille pour toute explication. Il constate qu'il était attendu.

Un titre en gros caractère, une photo, son attention se concentre sur ce fait divers qui occupe pratiquement une demi-page du quotidien régional. Oui, c'est bien çà, et il lit avidement, les yeux rapidement embués par les larmes qu'il ne peut retenir et contrôler, le texte danse devant lui.

Maintenant il comprend, sa mère l'observe, sans le moindre commentaire, c'est totalement inutile, son regard en dit suffisamment long et remplace tout discours de principe. Voilà ce qu'elle appréhende depuis des années, depuis que son fils pilote des avions…

Ce drame vient de réveiller en elle une fibre de l'instinct maternel qu'elle avait réussi à faire taire jusqu'alors, les craintes que les vaines paroles et explications de Francis n'ont jamais pu effacer ni enfouir en profondeur reviennent en surface. Dans ses yeux embués il lui semble lire une grande interrogation, hier Jean-Claude, demain ?…

De nouveau il regarde le journal afin d'essayer de poursuivre la lecture de cet article. Il veut en connaître le moindre détail, il veut savoir.

« Jean-Claude B…., le plus jeune pilote de France tué dans un accident d'avion, »

Suit le récit journalistique dans toute la froideur de ses termes et la simplicité du récit.

Ses jambes se dérobent sous lui, la terre vacille, il s'assoit. Il n'ose regarder en face ses parents et son épouse qui vient de pénétrer discrètement dans la pièce, comment leur expliquer…, comment leur dire qu'un tel drame est une exception, que c'est aussi la pénible rançon que l'aviation légère et sportive paye injustement en contre partie des joies du vol et que, comparé aux accidents de la route…, non, c'est inutile et ce n'est surtout pas le moment le plus propice.

Demain il continuera à voler, pour son plaisir, mais l'aéro-club sera en deuil.

Jean-Claude

Francis n'a même pas à fermer les yeux pour revenir quelques années en arrière et se souvenir, l'érosion dû au temps qui passe n'a pas encore commencé son effet, c'était hier, presque…

Une fois encore il est là, assis sur un parpaing à quelques mètres des avions. Souvent déjà, Francis a remarqué ce jeune garçon d'une quinzaine d'années qui n'ose pas franchir la symbolique barrière, séparation matérielle entre la zone réservée au public et celle où n'évoluent que quelques initiés et privilégiés.

Il a l'air très timide et se tient toujours à distance respectable des installations, à croire qu'il a peur de gêner par sa simple présence. Sa condition d'observateur doit certainement lui convenir pour l'instant et lui suffire.

Il est aisé de deviner son désir de s'approcher un peu plus près, pour lui, le grillage semble être une frontière infranchissable avec un portillon qui ne s'ouvre que pour certains triés sur le volet ou recommandés.

Sa grande silhouette dégingandée est maintenant familière aux habitués de l'aéro-club. Afin de rompre la glace, Francis décide de l'aborder et d'engager le dialogue.

Presque craintivement il le regarde s'approcher, il se lève et attend.

— Bonjour !

— Bonjour monsieur, apparemment il n'a que trois ou quatre ans de moins que Francis, sa réponse hésitante à peine bredouillée surprend un peu ce dernier, à croire qu'il le dérange dans ses réflexions et qu'il lui a presque fait peur en s'approchant de lui.

— Tu veux voir les avions de plus près ?

Question bien inutile, ridicule même, il reste là, comme prostré, des heures entières à contempler le manège incessant des appareils qui partent, décollent et reviennent sagement reprendre leur place sur le parking. Il n'a jamais encore osé faire le premier pas qui le rapprocherait un peu plus du hangar.

— Oui, je veux bien monsieur.

Ils se dirigent vers le grand bâtiment, la barrière est enfin franchie. C'est avec beaucoup de plaisir que Francis l'observe discrètement tant sa mine est réjouie. Ils se rapprochent du sanctuaire, Ils entrent dans le *temple*, enfin il peut toucher du doigt ce merveilleux assemblage de bois et de toile qu'est un JODEL. Peu à peu ils font plus ample connaissance, il devient plus loquace, bientôt il se confie.

Il vient d'avoir quatorze ans, au mois de juin prochain il passera son certificat d'études primaires. Les avions l'attirent et l'envoûtent, souvent il couvre les quelques kilomètres qui séparent la maison de ses parents de l'aérodrome sur sa bicyclette toute neuve.

Francis l'écoute sans l'interrompre, hochant la tête en signe d'acquiescement, la glace est totalement rompue, l'invisible distance qui les séparait s'est résorbée, elle a pratiquement disparue…

Il se revoit quelques années auparavant…, il se revoit visitant pour la première fois un terrain d'aviation et ses installations. Celui-là même où ils se trouvent actuellement tous les deux, face à face. Il devine facilement sa joie intense et ses désirs d'enfant devant ces jouets qu'il considère comme inaccessible pour lui, seulement réservés aux adultes.

Le temps s'écoule rapidement, Francis semble s'être pris d'amitié pour cet adolescent. Il ne le connaît que depuis quelques instants, pourtant il le comprend déjà facilement. Il a, lui aussi, vécu d'une façon identique ces premiers contacts avec l'aviation légère, avec les mêmes impressions et la même exaltation, il n'y a pas si longtemps que cela. Il est certain qu'ils ont ressenti les mêmes sensations que procurent les premières visions effectives d'un avion. Il est certain que ce soir ses parents seront au courant de leur rencontre et de la courte visite du hangar qu'ils ont effectuée ensemble.

Cette nuit il rêvera aux avions…

— Il faut que je sois rentré chez moi à cinq heures, je suis obligé de vous quitter, je vous remercie.

C'est à regrets qu'il a prononcé cette simple phrase qui rompt le charme. Francis l'accompagne jusqu'au portillon grillagé, il prend congé en lui promettant de revenir très bientôt, cette fois ci il osera certainement s ‘approcher un peu plus.

— Au revoir monsieur, et…, merci encore !

— Bonsoir, au fait comment t'appelles-tu ?

— Jean-Claude !

— Alors bonsoir Jean-Claude, et à bientôt.

* * *

La ronde des avions est incessante, l'activité bat son plein à l'aéro-club. Dans le bar, juste derrière la petite pièce vitrée qui sert de bureau de piste, les visiteurs se pressent afin de se rafraîchir un peu en ce beau dimanche de printemps qui s'annonce chaud et ensoleillé.

La radio VHF grésille et égrène des phrases incompréhensibles pour le néophyte qui tend l'oreille.

— India Mike, vent arrière…

Le contrôleur occasionnel s'empare du micro, l'approche de sa bouche sans se soucier le moins du monde de brouhaha qui règne à quelques pas derrière lui et expédie sa courte réponse dans l'éther.

Comme chaque fois que le soleil est au rendez-vous, le terrain s'anime comme par enchantement et connaît une effervescence sans mesure.

Le parking réservé aux automobiles, aux contours délimités par des poteaux de béton peints en blanc, ne désemplit pas. Les badauds se pressent derrière la barrière. En plus des habituels « mordus » des sports aériens, il est aujourd'hui possible d'observer les évolutions papillonnantes de quelques pilotes que seul le beau temps guide jusqu'à la piste.

Une file d'attente s'établit et s'étire bientôt devant la petite table où un membre de l'aéro-club enregistre les inscriptions des candidats qui se présentent pour effectuer un baptême de l'air.

Aujourd'hui, il y a affluence et rapidement c'est la saturation, le seul triplace de l'écurie ne désemplit pas et sa ronde est incessante. Plusieurs pilotes confirmés se relaient aux commandes afin de faire partager leur joie de voler et leur passion à ces amateurs de sensations nouvelles à la découverte de la troisième dimension.

Dans quelques instants il sera nécessaire de mettre en piste un biplace ou deux afin d'honorer les contrats.

Francis Dubois est là, il surveille attentivement les délicates opérations d'embarquement à bord des appareils.

Une voix l'interpelle, il se retourne et aperçoit son nouvel ami de la veille. Un petit signe discret mais significatif de la main lui confirme la provenance de l'appel, il passe le relais à un autre pilote confirmé du club et s'approche avec beaucoup de plaisir.

Jean-Claude n'est pas seul, ses parents l'accompagnent. C'est la première fois qu'ils foulent le sol d'un l'aérodrome. Ils comprennent enfin l'envoûtement de leur fils unique qui, rayonnant de joie, observe et commente abondamment le va et vient incessant des appareils de l'association, comme un vrai spécialiste des choses de l'air qu'il est devenu.

Depuis longtemps déjà il leur parlait de ses escapades jusqu'ici, des avions de l'aéro-club où souvent il venait humer l'atmosphère particulière qui émane d'une piste d'envol avec son environnement presque mythique. Cette après-midi ils avaient enfin cédé à son invitation et l'avaient accompagné au terrain d'aviation.

Ils habitent à quelques kilomètres de là, en plein centre d'une petite bourgade située dans l'axe même de la piste. Ils ont installé une affaire artisanale qui les occupe à temps complet, même les dimanches et jours fériés. Aujourd'hui, c'est l'exception qui les sort de leur ambiance habituelle et fait une petite coupure dans leur emploi du temps habituel

Dans quelque temps, Jean-Claude deviendra apprenti fourreur et travaillera avec eux, dès que ses études primaires seront terminées, ce qui ne saurait tarder. Lui a d'autres ambitions pour l'instant inavouées, il ne rêve que d'avion et déjà, secrètement, il envisage une carrière aéronautique, mais ne sait par quel bout l'attaquer.

Ses résultats scolaires, plutôt moyens, ne lui laissent guère d'espoir afin de tenter d'y entrer par la grande porte. La sélection est sévère et les candidats nombreux. Il peut tout de même se permettre d'espérer envisager son adhésion à cette pépinière de pilotes que représente un aéroclub, ce dès l'âge de seize ans révolus. C'est le minimum prévu par le législateur afin de débuter les leçons de pilotage. Il faudra aussi attendre le jour de ses dix-sept ans afin de postuler à la licence et au brevet de pilote privé d'avion, ainsi est conçue la réglementation actuellement en vigueur.

Il apprend aussi qu'il lui reste encore la possibilité de pratiquer ce sport passionnant qu'est le vol à voile une année plus tôt.

Le planeur ne lui est pas totalement inconnu, ici même, parfois l'un d'eux vient se poser à court d'ascendance avant que les éléments ne le contraignent à un atterrissage de fortune, en pleine campagne. La pratique de ce sport aérien présente bien des attraits et ses promesses sont grandes. Le plus important, dans son cas, serait de gagner une année de patience afin de pouvoir s'élancer à l'assaut du ciel et de prendre officiellement les commandes d'un appareil volant.

Ses parents sont très attentifs aux explications et aux précisions offertes généreusement par le président de l'aéro-club local qui a rejoint les visiteurs à la demande de Francis. Celui-ci reconnaît tous les détails de l'exposé, les mêmes phrases, les mêmes explications que celles qu'il avait entendues il y a déjà quelques années jaillissent des lèvres du premier responsable de l'association. Ce dirigeant a réellement le feu sacré et sait toujours trouver les mots convaincants pour communiquer son ardente foi dont il est toujours aussi animé.

Jean-Claude est ravi, ses parents semblent totalement conquis, ils viennent de confirmer, verbalement, leur autorisation de vol dans le cas où, éventuellement, un pilote seul à bord se chargerait de prendre le jeune homme comme passager au cours de son petit vol d'entraînement dominical.

Ce sera pour la prochaine fois, aujourd'hui ce n'est pas possible, il n'y a plus d'avion de disponible et le programme de l'après-midi n'est pas conçu dans ce sens, toute la famille est attendue chez des amis pour y terminer la journée, d'ailleurs ils sont déjà en retard.

Ce n'est pas sans se retourner une dernière fois vers les avions que Jean-Claude s'arrache à leur attraction et regagne le véhicule familial.

Malgré son jeune âge il semble réellement atteint par ce virus, d'origine inexplicable, qu'est la passion de l'aviation. Cette passion à quitter la terre ferme où chaque décollage du sol entraîne vers une autre dimension de la vie et de la réflexion.

L'année d'attente sera longue pour le jeune homme, une année complète avant de tenir le manche à balai d'une façon officielle. Une année entière durant laquelle il viendra régulièrement hanter le hangar.

* * *

La soirée est déjà bien avancée, le parking réservé aux automobiles s'est vidé peu à peu, l'activité s'est réduite et a retrouvé le cours normal des choses. Francis s'installe à bord du JODEL qui vient de se poser il y a quelques minutes. Il n'a pas d'autre but que d'effectuer une petite virée d'entretien au-dessus de la contrée afin de garder la main.

C'est presque involontairement qu'il se retrouve survolant ce petit village où Jean-Claude habite. Dès le décollage, sans aucun virage, il a gardé son cap initial. Sous ses ailes, en lisière de la forêt de Fontainebleau qui s'étire vers le nord, à côté du canal qui longe le Loing, des petits pavillons découpent leurs cubes réguliers bien alignés en bordure de la route départementale.

Oui, effectivement, d'ici on doit apercevoir les avions dès que ceux-ci ont débuté leur essor vers le ciel. Il lui revient en mémoire une anecdote que la mère de son jeune ami lui a contée tout à l'heure.

Cela remonte à quelques années, Jean-Claude devait avoir environ dix ou douze ans, les avions occupaient déjà son esprit. Dans le fond du jardin, là où poussent les groseilliers et les cassis, le long de la clôture grillagée, ce qui le rapprochait de quelques mètres de l'aérodrome, il avait installé une caisse d'emballage. Il s'asseyait à l'intérieur, le regard tourné face à l'Est, face à la direction où il savait exister le terrain d'aviation, dans le secret espoir de voir surgir un appareil sur l'horizon qu'il surveillait attentivement

Un simple morceau de bois à la main, en guise de manche à balai, il pilotait. Son esprit chimérique d'enfant l'emportait vers le lointain, il s'évadait de ce jardin.

Ses joues se sont empourprées lorsque ses parents ont narré cette « affaire » en sa présence, comme ci il se sentait coupable d'avoir été surpris en flagrant délit de rêve, comme ci cela le gênait d'avoir laissé pénétrer quelqu'un à l'intérieur même de son jardin secret, ne fussent ses parents.

Ainsi il volait, la terre n'était plus là, à la pointe de ses souliers. Il folâtrait entre des nuages féeriques comme seule l'imagination d'un enfant peut les disposer. Des heures entières s'écoulaient tant il était absorbé par son merveilleux périple.

Seul l'appel de sa mère pour le repas le ramenait à la réalité, le charme était alors rompu, c'était pour lui comme si son avion venait de se mettre en vrille et il ne savait pas encore comment faire pour le redresser.

C'est alors avec beaucoup de regrets qu'il abandonne *son avion* pour se diriger vers le pavillon où sa mère l'attend en souriant, loin de se douter que son fils venait d'effectuer un formidable voyage dans un pays de rêve, dans ce ciel qui étire son firmament sans limites au-dessus de nos têtes.

Il pensait qu'elle n'aurait pas compris, alors il ne lui expliqua pas…

Pour aujourd'hui le capital est épuisé, ses ressources financières disponibles sont très limitées et Francis ne peut se permettre de prolongé son vol, il lui faut songer au retour. Il attendra patiemment samedi prochain afin de s'asseoir de nouveau aux commandes d'un avion après une semaine studieuse passée à plancher sur ses devoirs de seconde technique que sa position de collégien lui impose.

L'aéro-club n'est pas uniquement cela, ce n'est pas uniquement l'avion, il y a les senteurs de l'herbe fraîchement fauchée qui se mêlent à celles des sapins qui entourent l'aérodrome.

Il y a aussi cette réelle ambiance de camaraderie que l'on décèle dès son arrivée dans ces lieux, dès les premiers contacts avec les dirigeants de cette association qui font qu'un aéro-club se génère une âme.

Le cas de Francis n'est pas isolé, nombreux sont les pilotes du dimanche qui se contentent, hélas, d'un simple et bref vol au-dessus de la campagne environnante. Ils envient beaucoup, sans aucune jalousie, ceux dont les moyens financiers ne constituent pas un obstacle à leur entraînement et qui, au contraire leur permettent de voler quand ils le désirent pour aller là où bon leur semble, sans avoir à jongler avec un budget serré et une fin de mois à boucler.

Seuls quelques exceptions répondent à cette possibilité, la grande majorité des cotisants sont obligés de compter. Comme beaucoup, Francis doit se satisfaire de quelques minutes de vol à chaque fois qu'il prend les commandes. Son carnet de vol ne se rempli pas rapidement, beaucoup trop lentement à son gré.

Ses ambitions sont toutes autres…

* * *

Encore quelques coups de pédales et le jeune pilote gare son vélo derrière le hangar, tout essoufflé par le dernier effort nécessaire pour vaincre le raidillon qui serpente entre les bosquets et qui mène aux installations.

L'endroit est désert, Francis est, comme souvent, le premier sur les lieux, il n'a pas les clés qui permettent l'accès au hangar, il lui faut donc patienter. La meilleure solution, et la plus agréable, est d'effectuer une promenade pédestre en longeant la lisière des sapins, ce qui le conduit tout naturellement vers la piste et ses rangées de balises.

Cette piste qu'il empruntera tout à l'heure, elle sera son tremplin vers une courte évasion. Dans la solitude des friches, encerclées par l'horizon boisé qui l'entoure, il laisse son esprit errer dans le labyrinthe de la pensée, c'est agréable d'être ainsi seul au beau milieu d'une nature qui sait si bien nous offrir matière à réflexion.

Il n'oublie pas qu'il est sur un aérodrome, actuellement celui-ci est inanimé et dépourvu de toute vie active et visible. Il suffit de se pencher sur le sol pour voir qu'il n'en est pas ainsi pour tout, des perdrix décollent à quelques mètres devant lui.

C'est triste une piste sans avion, il attend un éventuel visiteur venu du ciel avec le secret espoir que ce sera cet appareil que l'on entend vrombir dans le lointain et dont la chanson s'éloigne maintenant alors qu'il ne l'a même pas vu passer.

Jean-Claude ne tardera pas à le rejoindre, il l'aperçoit, pédalant en danseuse pour terminer les derniers mètres de la route d'accès au terrain qui débouche entre les arbres derrière le hangar.

Maintenant sa peur a totalement disparu, sa timidité excessive ne se justifie plus, ils se connaissent mieux et il est déjà pratiquement adopté par tous les membres de l'aéro-club. C'est à lui dorénavant de s'intégrer pleinement au sein de l'association qu'il a librement choisie.

Les aiguilles de la montre tournent, un bruit de moteur se fait entendre en contre bas, en direction du canal. Le rugissement caractéristique qui leur parvient confirme que le chef pilote arrive. Francis reconnaît sa façon d'attaquer la côte juste après avoir quitté la route départementale et à sa façon aussi de négocier le dernier virage en faisant légèrement déraper les roues de sa quatre chevaux sur le gravier qui recouvre la chaussée.

Jean-Claude participe activement aux préparatifs, ils ne sont pas nombreux et son aide est précieuse pour pousser les lourdes portes métalliques qui s'éclipsent en grinçant et libèrent la façade de l'édifice.

Les avions sont sortis à leur tour et sont alignés devant le semblant de tour de contrôle nouvellement érigée au-dessus du bar. Ils ne sont que trois pour assumer ces tâches qui précèdent tout début d'activité, c'est peu, tout à l'heure, pour en bénéficier, il y aura beaucoup plus de monde…

En récompense, l'instructeur autorise Francis à emmener son nouvel ami lors de son prochain vol habituel qui ne va pas tarder à être consommé.

Jean-Claude est pratiquement muet d'émotion lorsqu'il verrouille sa ceinture de sécurité. Il se trouve confortablement assis à la place droite. Pour la première fois il respire cette odeur de vernis et de colle séchée qui exhale de l'habitacle fermé depuis pratiquement une semaine complète. Cette odeur sera dorénavant, pour lui, celle de l'avion, elle restera associée, dans son esprit à cette machine dans laquelle il a, pour la première fois, quitter le sol.

Le cérémonial de la mise en route se précise, le moteur va pouvoir bientôt démarrer. Quelques commandements brefs et précis, le chef pilote lance l'hélice d'un mouvement sur. Francis est concentré sur les commandes et est très attentif à tout ce qui se déroule à un mètre ou deux devant lui.

C'est parti, l'avion reprend vie et vibre de toutes ses membrures entoilées dès que les 65 chevaux de brave moteur *Continental* font entendre leur sympathique vrombissement. Comme ci l'appareil avait compris et avait hâte de prendre possession de son élément de prédilection après plusieurs jours d'inactivité forcée et de solitude au milieu de ses congénères, à l'intérieur de ce hangar triste et froid lorsque les portes sont fermées et qu'aucune voix humaine ne résonne sur ses tôles.

L'aiguille du thermomètre indiquant la température de l'huile tarde à bouger afin de rejoindre l'arc vert qui précise la zone d'utilisation du moteur. Le pilote profite de ces quelques minutes disponibles afin d'expliquer à son jeune passager ce qu'est un tableau de bord, même modeste comme celui d'un JODEL D112, et comment en interpréter toutes les indications. Rapidement il passe en revue tous les cadrans et leur signification, l'utilité schématique de chaque commande qui se trouvent devant eux.

Jean-Claude voudrait tout savoir, tout saisir tout de suite, tout comprendre…, Francis évite d'entrer dans des explications trop techniques, ce sera pour plus tard. L'aiguille du thermomètre interrompt la discussion en venant se positionner face à la graduation indiquant 40° C, minimum requis pour une utilisation correcte de la machine et pour envisager l'envol.

Un dernier contrôle du régime et une rapide sélection des magnétos confirme la bonne tenue du double allumage réglementaire sur un avion. Un rapide point fixe fait rugir le moteur quelques instants, tout fonctionnent normalement, ils peuvent y aller.

Au signal le moniteur retire les cales qui immobilisaient l'appareil jusqu'alors, l'avion s'ébranle, s'ébroue presque et commence son roulage en quittant le parking.

Jean-Claude est rayonnant de joie, comme Francis le comprend, il en est tout heureux. Les dernières vérifications d'usage terminées, en aviation rien ne doit être laissé au hasard, il s'aligne dans l'axe de la bande gazonnée après avoir bien observé l'approche, il n'y a pas de radio à bord et la sécurité n'est assurée que par une vigilance de tous les instants.

Francis pousse sur la manette des gaz, l'appareil bondit en avant, avide de liberté, à la première sollicitation sur le manche il décolle franchement et quitte le sol. Le temps est calme, le pilotage est aisé, il a tout loisir d'observer discrètement son passager du coin de l'œil. Celui-ci est réellement subjugué et ébahi par le spectacle inédit qui lui est offert du haut de son balcon mobile.

Son bonheur irradie et fait plaisir à voir. Il est bon et réconfortant de se sentir le vecteur d'une telle joie, cela apporte une justification à ce que l'on fait, et donne une dimension humaine à une simple invitation.

Il est pourtant facile de faire participer gratuitement, souvent, une place est disponible à bord d'un avion qui s'apprête à rouler vers la piste, alors pourquoi ne pas l'offrir à ce spectateur assidu qui observe la vie de l'aéroclub sans oser franchir la barrière parce que son portefeuille ne lui permet pas d'envisager la joie d'un baptême de l'air… L'association n'aura ni plus ni moins de soucis financiers enfin d'année et son image de marque aura grandie dans l'esprit des non initiés qui ne manqueront pas d'en colporter la bonne nouvelle…

Alors, messieurs les pilotes…

Aujourd'hui Francis connaît par avance le but de son circuit, rapidement il couvre les quelques kilomètres qui les séparent de chez Jean-Claude. Il observe une fronce qui barre les traits de son jeune passager, celui-ci a certainement peur de ne pas reconnaître les lieux survolés au premier coup d'œil, il est indéniable qu'il a deviné les intentions du pilote.

Il concentre toute son attention à déchiffrer la nature qui défile sous les ailes de l'avion, le canal est une aide précieuse. Soudain il rompt le silence qui s'était établi à bord de l'habitacle et éclate littéralement, le doigt tendu en direction d'un pavillon légèrement détaché d'un groupe de maison, presque isolé au milieu d'un jardin grand comme un mouchoir de poche.

— C'est là que j'habite… !

Un large virage au-dessus du point de repère leur permet de mieux détailler le paysage survolé. Francis s'applique à manœuvrer correctement afin de toujours garder la maison en point de mire, ce n'est pas toujours aisé pour le jeune pilote récemment breveté qu'il est.

Sur le pas de la porte une femme apparaît et leur adresse des grands signes de la main, Jean-Claude l'a immédiatement reconnue.

— C'est ma mère…, c'est ma mère…, elle nous a vus…

A son tour il agite la main à l'intérieur de l'étroite cage de Plexiglas où ils sont enfermés. Francis doute qu'elle ait remarqué ce geste enfantin, instinctif et machinal qui n'est dû qu'à un réflexe bien compréhensible, il est difficile et inutile d'empêcher de parler le cœur.

C'est maintenant le retour par le chemin des écoliers. Un silence relatif est retombé dans l'avion, le passager digère sa joie et son émotion, seul le moteur fait entendre sa réconfortante chanson avec ses excès de décibels. Ce bruit, ce mal indispensable au bon fonctionnement d'un avion leur interdit pratiquement toute conversation suivie à bord.

Tout au long du trajet qui les ramène au terrain le jeune garçon s'habitue au contexte nouveau et au défilement de la nature vue d'en haut, sous un autre angle. Il commence à reconnaître les lieux survolés et à les identifier.

Là, le canal miroite comme un ruban d'acier qui se déroule en longeant la route escortée de ses deux rangées de peupliers bien parallèles. Son appréhension du départ semble avoir totalement disparu, il est heureux de ces quelques minutes, il a quitté le sol, pour la première fois il a volé...

Francis consulte sa montre, il est dans les temps prévus et une petite visite touristique de la région s'impose d'elle-même avant de regagner l'aérodrome où un autre pilote attend déjà l'avion.

Jean-Claude ne connaît pas le secteur vu sous cet angle tout à fait inédit et nouveau qui ajoute sa troisième dimension à la vision habituelle des choses.

Au loin, au beau milieu de l'océan verdoyant et ondulant de la forêt de Fontainebleau qui s'étire à perte de vue pour rejoindre l'horizon, ils aperçoivent l'îlot plus clair de la grande ville voisine dont les toutes récentes tours de béton détruisent l'ordonnancement et l'harmonie ancestrale que la nature avait établie.

Plus loin, à quelques kilomètres vers le nord-est, la Seine serpente langoureusement dans la faille naturelle des collines crayeuses de l'Ile de France. Francis peut même apercevoir le confluent avec le Loing où se niche son village natal.

Voici la piste qui offre son aire d'atterrissage, le vol programmé aujourd'hui est déjà consommé. C'est la fin du voyage avec le retour au sol, l'enchantement se termine.

* * *

Pour Jean-Claude un grand pas vient d'être franchi. Maintenant, la vision de sa passion a changé. Ce n'est plus comme avant son baptême de l'air et il vient régulièrement hanter les installations de l'aéro-club.

Il ne se tient plus à l'écart, il a naturellement réduit cette distance humaine qui ne se mesure pas en mètres et qui n'a pas d'autre unité que le plaisir de se retrouver avec des gens et des choses que l'on aime et qui partagent une même passion.

Le grillage, une simple clôture de sécurité, est trop souvent considéré comme une limite sacrée alors que ce n'est pas là sa véritable vocation. Ce n'est pas le symbole qui sépare deux mondes, c'est seulement un moyen technique afin d'éviter un éventuel accident par ignorance du danger.

L'imprudence est difficilement maîtrisable et nécessite des butées, une hélice en rotation est pratiquement invisible pour les non initiés et présente un réel danger.

Il n'existe pas de mur hermétique et inviolable entre les visiteurs d'une après midi et les membres actifs d'un aéroclub en pleine effervescence, le dialogue, il faut le rechercher, le provoquer même.

Jean-Claude en apporte la preuve vivante et indéniable par sa simple présence au sein du groupe. Il n'a réglé aucune cotisation et personne ne lui a demandé une quelconque participation financière, il n'exerce d'ailleurs aucune activité justifiant une telle exigence.

Il est incontestable que tous les pilotes ont reconnu en lui l'un des leurs, l'adoption semble même irréversible. Sa grande gentillesse, sa timidité mal contrôlée d'adolescent, son éternel besoin de se rendre utile dans la mesure de ses moyens n'ont laissé personne indifférent et insensible. C'est peut être là une façon d'extérioriser un manque de contact humain que sa condition involontaire de fils unique engendre malgré lui et son entourage immédiat.

Maintenant il sait parfaitement identifier tous les avions que protègent les tôles du hangar et leur accoler un nom, un constructeur, une motorisation.

Il commence à pénétrer le vocabulaire parfois barbare et rébarbatif des termes aéronautiques et techniques utilisés couramment par les pilotes.

Il sait nommer, du premier coup d'œil, les cadrans qui meublent un tableau de bord, connaît les différentes commandes ainsi que leur apparente utilité.

Rapidement il est totalement intégré à la vie du club. Son jeune âge et le fait qu'il ne soit pas, pas encore, ni pilote, ni élève, n'interviennent nullement dans les échanges de sympathie réciproques qui sont monnaie courante au sein du groupe.

Contrairement à une certaine idée largement répandue par certains, l'aéro-club n'est pas un cercle fermé, replié sur lui-même et ses traditions récentes, ni essentiellement réservé à une classe privilégiée de la société, l'argent n'est pas le critère de sélection, la passion de certaines choses ne passe pas obligatoirement par cet artifice créé par l'homme pour soi-disant lui faciliter les échanges.

Les sympathisants de tous ordres y sont admis, pour certains, l'attrait n'a pas la même unité et l'intérêt n'est pas du même ordre, peut être recherchent-ils là une ambiance qu'ils ne trouvent pas dans la vie courante, une chaleur humaine qui semble fuir devant eux. Ils ont l'impression aux premiers abords, d'avoir découvert cette possibilité de contact qui leur manquait.

Il n'est pas exclu que l'attrait du vol, accessoire actuellement, se développe et que celui qui venait sur l'aérodrome en simple spectateur attentif, uniquement pour voir évoluer les avions, demande à s'inscrire à son tour aux cours de pilotage que l'association dispense.

L'habitude est prise et semble bien ancrée, chaque fois que cela est possible, Jean-Claude occupe la place disponible à bord d'un avion prêt au départ.

Cette pratique est au demeurant assez courante dans les aéro-clubs, les pilotes n'aiment guère le vol en solitaire, il est beaucoup plus plaisant de partager les plaisirs de la troisième dimension.

Parfois même, certains, lassés par les habituels tours de piste, sortent du circuit rituel et vont poser les roues de leur appareil sur le gazon d'un aérodrome voisin et ami. Jean-Claude est heureux de cette aubaine et de ces petits voyages qui lui ouvrent d'autres horizons, lui permettent de connaître d'autres lieux, d'autres terrains d'aviation où il retrouve une ambiance nouvelle et identique à la fois. De très forts liens d'amitié unissent les gens qui pratiquent le même sport, le même loisir, malgré les kilomètres qui les séparent.

Par la même occasion il parfait ses connaissances élémentaires en aéronautique en découvrant d'autres types d'avions, plus ou moins récents, que le hangar local n'abrite pas et dont il ignorait parfois l'existence même.

Il arrive aussi, en cours d'un vol, que le pilote lui laisse le manche, les appareils utilisés par les aéro-clubs sont tous équipés de double commandes afin de répondre aux exigences de l'école de pilotage qui est un des buts essentiels de ces associations. La formation est la base de toute expansion d'une activité quelle qu'elle soit.

Légalement, lorsqu'un passager est embarqué, qu'il soit pilote ou non, le second manche à balai devrait être démonté. Jamais personne n'a pratiqué la gymnastique qu'imposerait une telle opération mécanique.

Ce n'est plus le simple morceau de bois et la caisse qui pourrissent maintenant au fond du jardin, Jean-Claude pilote un avion avec ses propres mains, un vrai avion avec des ailes, un fuselage, un moteur…

C'est presque à regrets que le pilote reprend le contrôle de l'appareil pour les manœuvres plus délicates et pour l'atterrissage. La joie du jeune homme est tellement visible lorsqu'il tient les commandes que celui-ci lui laisse effectuer les grandes lignes droites au cours des petites navigations locales.

La tenue de la machine ne lui pose plus de gros problèmes, il suffit alors de surveiller la route en essayant de corriger discrètement ses défauts naissants qu'il ne faut pas laisser progresser, presque comme le ferait un instructeur, mais chut !..., il ne faut pas que cela se sache officiellement et parvienne aux oreilles du chef pilote.

Jean-Claude saura pratiquement piloter correctement un JODEL avant même avoir pris sa première leçon, réglementairement, vis à vis de la législation en vigueur, puisque son jeune le lui interdit encore.

La procédure habituelle, presque rituelle, de la mise en route manuelle du moteur en lançant l'hélice ne lui est pas étrangère, il rend souvent ce service lors des déplacements sur d'autres aérodromes plus ou moins fréquentés.

Il sait aussi reconnaître les points de repère qui permettent de quitter et de regagner correctement le circuit de piste sans présenter de danger pour les autres utilisateurs de l'espace aérien. Il sait encore désigner le petit bosquet, la ferme à la disposition caractéristique des bâtiments, qui délimitent le traditionnel tour de piste.

Il ne néglige pas non plus ce que beaucoup ici considèrent comme les basses besognes. Il n'est pas le dernier à s'emparer de l'éponge ou de la peau de chamois à l'heure de la toilette des avions, à l'heure où la majorité des pilotes du dimanche a disparu comme par enchantement dès l'amorce de la corvée.

Souvent il quitte l'aérodrome dans les derniers, en même temps que les mordus qui terminent la soirée sur place. C'est pratiquement toujours le même petit groupuscule qui se retrouve le soir pour pousser les grandes portes métalliques sur leur rail afin que les *jouets* d'adultes soient bien protégés des intempéries jusqu'à la semaine prochaine.

Dans tous les aéro-clubs il existe cet indispensable noyau d'hommes de bonne volonté, de tous âges, de toutes situations sociales, mais animés d'un même idéal dans l'exercice de leurs loisirs. C'est grâce à eux qu'existe une ambiance d'où se dégage une grande chaleur humaine réconfortante. Ce n'est pas un simple détail négligeable pour ceux qui cherchent là une distraction leur permettant d'oublier un instant les vicissitudes et les tracas incontournables de la vie courante.

Jean-Claude, lui, n'a pas encore de soucis de ce genre, il est heureux de se plonger ainsi dans la vie, il fait partie de ces piliers du club, il se sent presque adulte…, responsable de quelque chose. Il est toujours de ceux qui donnent le dernier tour de clé avant de laisser retomber sur le hangar la solitude et l'oubli pour une semaine.

Le meeting de Nangis

La mémoire humaine est une chose bizarre, sa première qualité réside dans le fait permettre d'oublier. Heureusement, cette faculté est souvent sélective, il est aisé de se souvenir uniquement de ce petit détail qui pigmente un court instant d'une existence et laisse une agréable saveur, donnant ainsi un élément de plus à la mesure des dimensions humaines. Cela se cultive et s'entretient, faire le trie de ce qui est important et de ce qui ne l'est pas d'une façon suggestive et personnelle, cela se conditionne.

Comme si c'était hier, Francis se souvient de ce dimanche d'été, il ne se souvient plus du mois ni du quantième, ni de l'année, qu'importe…

La *Panhard* s'arrête au barrage routier où quelques membres de l'aéro-club local, un brassard épinglé au-dessus du coude, canalisent les voitures et encaissent les droits d'entrée à la manifestation aérienne du jour.

Pour la première fois depuis sa création, l'aérodrome de Nangis ouvre ses portes pour un meeting inaugural. Francis a discrètement glissé sous le pare-brise la petite carte d'invitation qui servira de Sésame et permettra de trouver aisément une place dans le parking réservé aux officiels et aux invités.

Aujourd'hui, Jean-Claude et Francis ont beaucoup de chance, les parents du jeune homme ont quitté l'atelier et leur ont fait abandonner le plateau des « Hauts Ramés », lieu-dit où se situe leur aérodrome habituel. Le programme est simple, ils assisteront à une fête aérienne de grande envergure organisée par un aéro-club ami en ce dimanche après-midi où le soleil a décidé d'apporter son importante coopération. Il y a encore très peu de temps, cet aéro-club n'avait aucune installation propre, il partageait, en bonne intelligence, la même piste et le hangar où évolue Francis. Ainsi ils retrouveront des figures connues, chaque rencontre ponctue l'époque récente des débuts aéronautique du jeune pilote

La voiture a encore quelques mètres à parcourir en se frayant un difficile passage entre les spectateurs qui commencent à affluer en direction des barrières de sécurité érigées en limite de la zone qui leur est réservée.

Enfin il est permis d'abandonner le véhicule et de se joindre à cette foule impatiente de jouir de ce spectacle inhabituel et toujours attrayant avec la part de risque qu'il comporte pour les acteurs.

Le programme est prometteur et alléchant, le plateau s'annonce copieux.

Une fois encore, grâce au petit bristol, ils ont le privilège d'être autorisés à franchir la frontière qui sépare les participants de la grande foule.

Discrètement ils se glissent sur l'aire de stationnement des avions, où est installée, légèrement en retrait, une série de sièges exclusivement réservés aux organisateurs et aux invités.

Ils se trouvent ainsi, presque malgré eux, aux premières loges, aux portes des coulisses. Le spectacle peut commencer. Ils n'auront pas à jouer des coudes pour trouver une place acceptable afin de bien voir, même si la représentation a lieu au-dessus de leurs têtes, dans le ciel.

Ils sont au milieu de la base de départ, devant la scène. Jean-Claude assistera de près à l'installation des pilotes à bord de leur appareil, juste avant l'envol.

Il remarquera les derniers conseils donnés au commentateur afin que celui-ci décrive avec suffisamment de précisions les évolutions qui vont bientôt s'enchaîner.

Un homme s'active, c'est le directeur des vols, son rôle de chef d'orchestre est primordial, toute la responsabilité du bon déroulement du programme s'appuie sur ses épaules. C'est le chef pilote de l'aéro-club local, un ami, qui en a la charge, c'est tout juste s'il a le temps de saluer les nouveaux arrivants.

Son programme de l'après-midi est lourdement chargé et, réglementairement, il lui est interdit de voler aujourd'hui.

Il est impressionnant de ressentir ce qu'est la minute qui précède immédiatement l'entrée en piste de chacun. Le pilote qui décolle pour une démonstration de voltige aérienne sait qu'il va travailler en limites de sécurité, à la moindre faute la machine peut se rompre en vol, la montée d'adrénaline est importante.

Cette scène possède des dimensions hors du commun, ce doit être réellement exaltant, envoûtant même, pour celui qui pilote en la circonstance. Il se doit d'être attrayant pour le spectateur qui ne vient que pour voir du sensationnel. Il se doit aussi d'être convaincant pour le spécialiste mêlé à la foule qui, lui aussi, assiste aux évolutions qu'il peut juger à leur juste valeur.

Il y a toutefois des limites à respecter, c'est certainement là que réside la plus grande difficulté à surmonter dans cette ambiance survoltée de kermesse qui pousse inconsciemment à se dépasser et qui ne doit absolument pas dégénérer en une compétition dangereuse avec soi-même, avec le risque de l'escalade de la confiance.

Le carrousel est commencé, le meeting se déroule et s'enchaîne suivant un processus bien établi à l'avance. Aucune initiative personnelle ne doit venir mettre son grain de sable dans le rouage qui s'égrène sans accroc.

Tout le domaine de l'aviation sera représenté, rien ne semble oublié dans le programme que Francis tient entre les mains et qu'il a parcouru rapidement en attendant les premières évolutions.

Le minutage est précis et rigoureux, chaque participant doit scrupuleusement le respecter. Tout est fait pour que l'attention du spectateur ne se relâche pas durant toute la représentation.

Il n'y aura pratiquement pas de vide entre chaque exhibition et le commentateur aura la lourde charge de combler le moindre blanc qui risquerait de se produire pour une quelconque raison. Il faut que le spectateur ne soit nullement déçu par son déplacement, il a payé sa place et espère en avoir pour son argent.

Les avions à réaction, des appareils de chasse de l'Armée de l'Air, ne font qu'un furtif passage au ras de la piste. Les flèches argentées surgissent et disparaissent rapidement dans le hurlement de leurs réacteurs. Les haut-parleurs diffusent un court salut du commandant de la patrouille juste au moment même où il survole l'aérodrome, à quelques mètres seulement au-dessus du sol…

Les appareils d'un tonnage beaucoup plus modeste décollent et se posent sur cette bande gazonnée de près d'un kilomètre de longueur.

Ce n'est pas le cas de tous les participants pour lesquels la piste n'est pas compatible avec les performances de leurs machines. Un DC 6 nous fait admirer son imposante silhouette et ses peintures récentes de l'UAT avant de regagner le terrain de Melun-Villaroche tout proche où l'équipage s'entraîne actuellement avant d'entrer en ligne sur l'Afrique ou sur l'Orient.

Jean-Claude se promène dans ce parking des plus animé en faisant bien attention de ne pas déranger, tel un gardien de zoo au beau milieu de ses animaux rares mais dociles qu'il ne cesse d'admirer.

Pour les invités qu'ils sont, l'exposition statique, interdite à la foule, est permanente, ils font partie des rares privilégiés admis dans ce secteur. Ils profitent discrètement de cette aubaine. Ils se sentent emportés dans un tourbillon vrombissant, comme dans un rêve presque irréel.

Pourtant, ici tout est bien vrai, bien réel, ils ont tout loisir d'observer tel ou tel appareil nouveau, ils peuvent même les toucher du doigt, saluer les pilotes…

Certains prototypes, en majorité des avions légers, sont proposés dans leurs robes chatoyantes où l'on décèle une peinture toute neuve, presque fraîche.

Pour Jean-Claude et Francis, c'est l'enchantement, le principal attrait n'est pas toujours dans le ciel. Le simple fait d'approcher certains appareils de plus près revêt une grande importance et éclipse parfois le spectacle tourbillonnant qui se déroule au-dessus de leurs têtes.

L'ambiance survoltée d'un meeting aérien, au tout début des années *soixante*, laisse une impressionnante sensation d'activité débordante par la diversification des présentations et la rapidité des actions qui les survolent.

Les fabricants d'avions, encouragés par de nombreux programmes et aides de l'Etat, sont prolifiques et essaient de convaincre les éventuels acheteurs afin de concrétiser leurs études par des commandes fermes, pour cela il leur faut être persuasif et multiplier les présentations qui mettent en valeur les qualités incontestables de leur production.

Les spectateurs, imprégnés et dirigés par les intarissables commentaires du speaker, restent marqués par les successives exhibitions en vol. Celles-ci se déroulent dans un ciel serein et conciliant qui a daigné, pour cette circonstance, rester au beau fixe au grand soulagement des organisateurs et du représentant de la compagnie d'assurance qui couvre le risque météorologique pour l'après-midi.

L'éventail est déployé en grand, aux avions succèdent des planeurs qui effectuent de gracieuses arabesques silencieuses ponctuées par le chuintement de l'air sur leurs grandes ailes effilées. On dirait une invitation aux choses de l'air.

La tradition sera respectée, le lâché d'un important dispositif de parachutistes clôturera le programme officiel.

Leur précision est déroutante, malgré le vent calme qui ne dérange personne, le contact avec le sol n'est pas toujours d'une douceur exemplaire.

Le tir est groupé et la douzaine de corolles multicolores viendra s'étioler à quelques mètres seulement de la foule, juste devant les tribunes.

Il est toujours passionnant d'observer le travail de ces « petites choses » gesticulantes qui se débattent au bout des ficelles afin de s'en faire obéir, combattant les moindres effets d'un léger vent irrégulier et de sens différent suivant les altitudes

Chaque acteur du ciel s'active à fignoler sa trajectoire d'arrivée afin de choir et de terminer ce rapide voyage vertical à quelques mètres seulement des spectateurs qui applaudissent à juste titre.

Une manifestation de ce genre laisse toujours une très forte rémanence dans l'esprit des jeunes. Il y a souvent un détail qui a frappé une imagination aiguisée qui ne demande qu'à s'exprimer.

Lorsqu'ils quittent un aérodrome, après un meeting de ce genre, les spectateurs sont imprégnés de tout ce qu'ils viennent de voir, parfois le rêve s'installe, s'impose et devient un motif à une nouvelle visite au terrain d'aviation quelque temps après.

Les hommes qui exécutent de telles présentations aux commandes de leurs appareils sont aussi des êtres humains avec tout ce que cela comporte.

Pour certains, cette simple conclusion issue d'un moment de réflexion, déclenchera le petit déclic qui orientera, parfois inconsciemment, leur destinée. Ainsi naissent des vocations jusqu'ici insoupçonnées qui s'affirmeront par la suite avec le temps qui passe.

Pour d'autre, beaucoup d'autres, il ne restera que le souvenir d'une agréable, mais fatigante après-midi passée à piétiner l'herbe et à regarder en l'air au risque d'attraper un torticolis.

Ce genre de manifestation n'est pas, heureusement, réservée aux fanatiques et aux initiés des choses de l'air. C'est un important moyen de vulgarisation des sports aériens qui ont besoin de cette forme de publicité et aussi un agréable spectacle à suivre.

Pour Jean-Claude, le problème ne se pose plus depuis longtemps déjà, il a tranché et pris sa décision, il sera pilote…, il volera.

Il ne sait pas encore comment il atteindra son but, comment il assumera sa vocation, mais il sait, il sent, qu'il existe un sentier pour le conduire à ce sommet, à ce but recherché, son jeune âge lui permet d'espérer et lui laisse le temps de le rechercher au travers la broussaille que tous les « on dit » tissent devant lui.

IL sait que son objectif est encore lointain, cela ne le décourage pas et lui permet de mieux se préparer à l'ascension qui l'attend. Francis sait, quant à lui, qu'il a entièrement raison de persévérer, la réussite d'un de ses amis étaye cette hypothèse favorable.

Ce dernier a abandonné le four et le pétrin afin de se consacrer à sa passion, armé seulement d'une simple qualification d'instructeur adjoint de vol à voile. Maintenant, quelques années après, il est chef pilote, salarié à temps complet, d'un important aéro-club de la région parisienne. Il a passé brillamment sa qualification de vol aux instruments, il est en outre instructeur examinateur de pilotage avion et planeur. Voilà qui encourage un jeune passionné et à croire à l'avenir tout en prouvant que là aussi, la persévérance et la ténacité apportent un résultat concret aux nombreux efforts et sacrifices consentis.

Les baptêmes de l'air succèdent à la manifestation aérienne proprement dite. L'aéro-club local recueille là le fruit de ses efforts, il y a affluence devant la table où sont enregistrées les inscriptions des candidats, des files se créent au portillon d'accès aux appareils réquisitionnés pour cette agréable tâche.

La mobilisation est complète, la journée n'est pas encore terminée pour les membres de l'association qui n'ont pas ménagé leur peine et leur temps pour en arriver là.

Le cirque est commencé.

La ronde s'établit dans le ciel de la Brie, autour de l'aérodrome les avions de l'aéro-club local, aidés par quelques appareils des clubs voisins, se suivent à la queue leu leu. Cette rotation incessante durera jusqu'aux dernières lueurs du jour qui se meurt à l'horizon.

C'est le retour par la route. La nuit tisse peu à peu son rideau d'ombres impénétrables dans le calme d'un soir d'été. Dans la tête c'est toujours la fête du ciel. Parfois, dans le ronronnement régulier du moteur les passagers croient reconnaître le vrombissement d'un avion et se laissent insensiblement emporter par la facilité du rêve.

La revue *Pilote*

Comme souvent, au dos de la première page des magazines, une importante rubrique illustrée est réservée au courrier des lecteurs assidus de la revue.

Un seul coup d'œil permet à Francis de reconnaître la photo aérienne que l'index de Jean-Claude lui désigne avec insistance. Effectivement, le lieu leur est bien connu, souvent ils le survolent tous les deux, sa maison vue du ciel est bien dans le cadre et la légende explicite.

Sans réserve et avec un plaisir non dissimulé le jeune pilote félicite son ami, pour un photographe amateur, de surcroît débutant en la matière, cette image prise sous un angle inhabituel constitue un exploit à sa mesure. Ce petit détail technique a dû peser lourd dans la balance et influencé favorablement le comité de sélection qui lui octroie une récompense, un abonnement gratuit d'un an à cette nouvelle revue pour jeunes qui occupe les kiosques depuis quelques semaines seulement.

Francis est toujours ravi d'apprendre le succès à un concours, fut-il publicitaire, d'un membre de son entourage immédiat. Il ne peut oublier que c'est grâce à l'un d'eux qu'il doit son premier grand et merveilleux voyage, une aventure presque, au beau milieu du Sahara, à Hassi Messaoud plus précisément, au cœur même de ce fabuleux désert, il y a seulement deux ans, déjà…

Jean-Claude est radieux, sans détour il confie sa joie et explique par le menu l'origine de cette publication. Il fût l'un des tous premiers lecteurs de cette nouvelle revue, il en possède tous les exemplaires parus à compter du premier numéro. Soigneusement, il les a classés et rangés dans un petit placard que ses parents ont mis à sa disposition dans sa chambre.

Jamais Francis n'a eut la possibilité de pénétrer dans l'intimité de son tabernacle, il sait qu'il y entreposait tout ce qui était de son propre domaine, tout ce qui touchait à l'aviation de près ou de loin y avait une bonne place depuis longtemps déjà.

Il y avait là des revues spécialisées en aéronautique glanées au hasard de ses lectures. Il y avait même quelques maquettes d'avions légers construites et peintes de ses mains à partir de boîtes spécialement préparées pour les amateurs de modèles réduits et que l'on trouve dans les magasins de jouets et d'aéromodélisme.

Quelques articles de journaux issus de la presse locale relatant l'activité aérienne de la région complétaient son trésor et lui permettaient de se tenir informé sur le sujet.

Là, il enfermait ses rêves et ses espoirs afin que ceux ci ne lui échappent pas, à chaque fois qu'il en entrouvrait la porte, il rechargeait les batteries qui entretenaient sa vocation.

Dans les premiers jours de septembre 1964, alors que sa destinée prenait une orientation qui ne devait plus rien au rêve et venait prendre le relais d'une façon beaucoup plus concrète, il a rangé cette grotte aux trésors et tout ce qu'elle contenait alors a disparu à tout jamais. Il quittait l'enfance, il devenait adulte, il n'avait même pas l'impression de passer par le stade de l'adolescence et ces petites choses de la période précédente devenaient désuètes, ne représentaient plus grand chose pour lui, maintenant leur utilité n'était plus évidente, elles n'avaient plus lieu d'exister. Les garder, c'était s'avouer que le cap n'était pas franchi, pour lui, l'enfance était terminée, c'était déjà le passé, une autre phase de la vie active débutait et il n'avait plus besoin de ces souvenirs comme, à un certain moment, il avait jeté ses jouets aux orties.

Pourtant, le simple titre de cette revue hebdomadaire avait agi sur lui comme par enchantement. Comment pouvait-il résister à l'appel lorsque, pour la première fois, il a lu les grandes lettres de ce titre à la vitrine de la librairie : « PILOTE », tout un symbole en trois syllabes. Ce fut suffisant pour qu'il passât régulièrement à cette boutique afin de retrouver, chaque semaine, cette nourriture de l'esprit où des héros sympathiques sortent toujours vainqueurs de maintes et maintes situations apparemment inextricables.

Francis se souvient parfaitement de ce samedi après midi, il y a quelque temps déjà, où Jean-Claude s'est présenté à l'aéro-club armé d'un pacifique appareil photo tout simple. Ses parents n'avaient pas besoin d'occasion exceptionnelle pour faire un cadeau et il ne sait pas quel fut le motif invoqué par son ami pour obtenir cette boîte magique. Il faut bien avouer que celui-ci n'est guère capricieux dans ses désirs et seul celui de voler régulièrement le comble d'aise.

En deux mots Francis comprit que le « joujou » était chargé et que la destination de leur prochain vol serait son village, voilà ce qui semble bien naturel.

A aucun moment le moindre soupçon n'a effleuré l'esprit du pilote quant à la destination du fruit de sa prestation. Son projet était bien échafaudé, c'était son secret..., à lui tout seul et il n'était pas question de le partager, pour l'instant, même avec un ami.

Il n'est pas toujours aisé de dévoiler son but exact et précis alors que rien n'est joué par avance. C'est la première fois que Jean-Claude appui sur le déclic d'une boîte noire, comment sera la pellicule lorsqu'elle reviendra de chez le spécialiste, une fois développée.

D'autre part, il n'est absolument pas certain que ses clichés soient retenus par le jury qui sélectionne les vues avant de les inclure dans le numéro qui part pour l'imprimerie. Il juge qu'il serait indécent d'en parler avant d'être fixé sur l'avenir de ses photos, sa déception risque d'être à la mesure de ses espérances.

Sa réserve coutumière lui impose de rester seul avec cet espoir secret, personne ne doit être dans la confidence. A la réflexion, il lui semble fermement qu'il vaut mieux ne rien faire partager, ne rien dire, même à l'un de ses meilleurs amis en qui il a entièrement confiance, ce n'est pas le plus facile de l'affaire.

Son programme est établi bien avant son arrivée sur l'aérodrome. Le vol est combiné avant même que l'hélice n'entre en rotation. Il sait exactement ce qu'il veut faire en cette belle après midi ensoleillée où la luminosité est excellente pour ce genre d'activité, à croire que dame météo a eut vent de ses projets...

Il préfère le Jodel pour effectuer ce type de mission. C'est sans rechigner que, à sa demande, Francis délaisse pour cette fois ci l'Emeraude sur lequel il s'entraîne habituellement ces derniers temps. Le D 112 ne lui est pas étranger, à son bord il a effectué toute sa progression initiale, jusqu'au brevet, d'autre part la petite vitre coulissante découpée sur chaque verrière latérale lui permettra de bénéficier d'une étroite fenêtre pour opérer.

Il est dommage que l'aile basse de ce type d'avion ne se prête pas facilement à ce genre d'expédition et oblige le pilote à virer avec une forte inclinaison et un désagréable taux de dérapage en virage.

Il faut absolument que cette aile soit totalement effacée du champ de l'objectif. Ils n'ont pas le choix, le hangar de l'aéro-club ne recèle aucun appareil du type « parasol », avec les ailes au-dessus, comme le PIPER J3 ou le CESSNA par exemple.

Il faut se contenter de ce qu'ils ont à leur disposition, même si cela entraîne à des évolutions assez serrées, presque acrobatiques..., ce qui n'est d'ailleurs pas pour leur déplaire.

Plusieurs fois Jean-Claude a appuyé sur le déclencheur. Bientôt la pellicule est terminée, c'est le retour à l'aérodrome avec le secret espoir que ce coup d'essai soit un coup de maître. La boîte noire ne peut qu'avoir bien fonctionné, le passager en est fermement convaincu.

Depuis lors Francis a totalement oublié ce vol et il n'a jamais vu le résultat des débuts de photographe amateur de Jean-Claude. C'est donc avec une fierté toute justifiée que celui-ci lui brandit sous les yeux cette revue qui concrétise un de ses premiers succès.

Le vol à voile

Le schéma actuel de l'aéro-club ne couvre pas encore toutes les rubriques que comportent les sports aériens. Beaucoup de facettes existent et sont complémentaires. Leur intégration au sein d'une même association demande beaucoup de bonne volonté et de disponibilité de la part des dirigeants qui sont tous bénévoles et déjà forts occupés par la gestion du groupe et l'entretien des avions qui constituent l'écurie et qui meublent le hangar.

Un vague projet se dessine et commence à se préciser. Dans le cadre d'une extension des activités, il serait question de créer une section de vol à voile sur l'aérodrome même où s'exerce le vol moteur.

Le président, très motivé par cette perspective, se démène comme un beau diable, sans compter ni sa peine ni son temps, afin de lier tous les ingrédients nécessaires au bon démarrage d'une telle initiative.

La réunion de tous les éléments favorables n'est pas une chose aisée, chaque intéressé déverse son lot de conseils et ses desiderata, il faut en faire une synthèse présentable et convaincante aux autorités concernées.

Ce n'est pas une mince affaire, la procédure administrative est complexe et lourde à mettre en marche de façon à éviter toutes les embûches que la partie technique ajoutera aux nombreux problèmes financiers à résoudre. Des planeurs, plus un avion remorqueur ne se trouvent pas dans une pochette surprise, ou à l'ombre d'un hangar comme par miracle.

Un aéro-club, vol à voile ou vol moteur, c'est avant tout une poignée d'hommes de bonne volonté, animés d'une même foi en leur passion commune sans se soucier des profiteurs, involontaires ou non, qui veulent ignorer les difficultés réelles que rencontrent ceux qui s'efforcent de mettre en marche et d'entretenir le mouvement moteur d'une association, et qui papillonnent en critiquant le moindre détail imparfait qui accroche dans le bon fonctionnement pourtant bien huilé du club.

Il n'y a rien de plus facile que de s'installer aux commandes d'un avion, ou d'un planeur, en parfait état de vol, dès son arrivée sur l'aérodrome, afin de bénéficier de quelques minutes de la poésie du ciel en toute inconscience. C'est presque malhonnête de profiter ainsi du dévouement sans limites de quelques-uns qui oeuvrent dans l'ombre. Chacun devrait se sentir réellement concerné par tous les rouages de l'association, apporter sa modeste contribution personnelle à la construction et à l'entretien de l'édifice « club » dont la fragilité n'est pas toujours apparente, mais pourtant bien réelle.

Les projets ne sont que la projection d'une vision sur un avenir plus ou moins immédiat. Actuellement rien n'est suffisamment concret pour Jean-Claude, il est impatient, et, dès l'âge révolu il se permet une infidélité en tirant la sonnette à la porte d'un aéro-club voisin, et ami, qui comprend une section vélivole très active dans son organigramme. Cela lui permettra de ne pas perdre un instant avant de s'installer officiellement aux commandes d'une machine volante et de s'élancer à l'assaut du ciel et de son avenir.

L'aérodrome est plus distant que celui où il a l'habitude de se retrouver. Cela ne lui pose plus aucun problème, il peut maintenant se permettre de négliger ces quelques kilomètres supplémentaires qu'il couvrira désormais en chevauchant son vélomoteur flambant neuf que ses parents viennent de lui offrir en remplacement de sa bicyclette qu'il n'a pas eu le temps d'être bien usée.

Ce n'est rien qu'un infime brin de paille au travers de sa route qui ne résistera pas à l'envie de couvrir une première fois la distance qui sépare Jean-Claude de la zone d'activité de son choix. Il n'est pas à un quart d'heure de route près afin de rallier le point de départ de tous ses espoirs.

Le trajet dure un certain temps, l'esprit peut se permettre de divaguer au pays des rêves en une débauche de projets plus ou moins sensés.

Les kilomètres qu'il aura à couvrir journellement dans les semaines à venir sont lassants et ennuyeux, parfois, l'attention se relâche au profit de la fabulation.

Jean-Claude se voit déjà aux commandes de « son » planeur. Une multitude d'inconnues se pressent alors à son esprit. Il en arrange lui-même les réponses, les choisit, comme pour se prouver qu'il est bien dans le bain et qu'il maîtrise parfaitement son affaire.

Un rapide regard circulaire abandonne un instant le monotone bitume et scrute le ciel. Des cumulus prometteurs se forment et meublent l'azur, aujourd'hui le temps sera « fumant », les « pompes » seront abondantes… Le premier vol en double commandes sera certainement pour cette après midi même, pourquoi pas, il a en poche tous les documents lui permettant d'accéder à cette phase active de son avenir.

A un croisement, dès la sortie du village, le fléchage devient plus précis. Il peut lire *aérodrome* sur une pancarte, vite il revient à la route sur laquelle il circule actuellement et qu'il aurait presque tendance à oublier parfois tellement il est noyé dans ses pensées où flottent une multitude d'activités aéronautiques plus passionnantes les unes que les autres.

Ces préoccupations principales tournent à l'obsession. Ses songes, parfois insensés, sont optimistes, souvent utopiques, mais toujours empreints d'une dose mesurée d'objectivité d'où émane un espoir vif et sans faille.

La poignée des gaz à fond, il roule aussi vite que possible vers son avenir, vers son destin, en aucun cas il ne veut en retarder le départ.

Le dernier raidillon est gravi, il débouche sur la scène de ses futurs exploits, il en a plein les yeux. Le stage bat son plein, l'animation sera grande sur la plate-forme durant la période estivale des congés scolaires.

A cette époque de l'année les principaux acteurs participants à la fête du ciel journalière sont, en grande majorité, des étudiants en quête d'une activité de loisir la plus attrayante possible en fonction de leurs propres aspirations. Cela leur est offert ici avec ce contact direct avec les éléments, ils meubleront ainsi ces deux mois de vacances d'une façon instructive, parfois passionnante, loin de l'oisiveté et de ses tentations.

Jean-Claude découvre là une vie en communauté restreinte dont le seul but est la pratique du vol à voile. Lui, le fils unique, n'a jamais eu le loisir de se frotter à ce contact humain direct que procure le travail en équipe. Chacun a besoin des autres pour atteindre l'objet de sa présence ici. Il est indispensable que seules les rivalités qui se font jour ne soient que dans un esprit de saine compétition, purement sportif.

A se serrer ainsi les coudes, des amitiés simples et durables naissent rapidement et des groupuscules se détachent suivant les affinités de chacun.

Les concessions mutuelles inévitables afin que le rouage fonctionne le plus régulièrement possible n'abaissent nullement la personnalité de chaque élément qui compose cet ensemble. Au contraire, elles la soulignent par cette compréhension tacite qui fait que chacun atteindra la juste récompense souhaitée lorsque le stage aura usé tout son temps imparti. Il restera alors des souvenirs qui garniront peu à peu la trame de la vie et des amitiés certaines qui ponctueront, plus tard, des points précis lors du récit du passé, en jalonnant d'anecdotes communes, la narration d'un chapitre marquant de la vie.

Certains, dont la date de naissance atteste qu'ils ont franchi la barre des dix-sept ans, usent de la possibilité qui leur est offerte de suivre un stage double. Si les conditions météorologiques se maintiennent ainsi au beau fixe et si la disponibilité des instructeurs et des appareils le permet, ils regagneront leur domicile avec en poche la licence élémentaire de pilote privé d'avion et le brevet C de vol à voile.

Cette possibilité est aléatoire, elle comporte des limites très restrictives. Elle ne sera effective qu'à la seule condition que le stage se déroule dans le meilleur contexte souhaitable et si la motivation de chacun, stagiaire et encadrement, se maintien à un très haut niveau et tend vers ce but.

Un mois, c'est relativement court pour affirmer que l'objectif sera effectivement atteint, des précédents attestent que cela est réalisable sans relever du tour de force ni de l'exploit inhabituel.

Chaque année plusieurs stages de ce type se déroulent à l'intérieur des limites de l'hexagone et l'aérodrome où Jean-Claude exerce a déjà obtenu des résultats concluants dans ce sens. L'espoir demeure toujours, jusqu'au dernier jour et encourage à poursuivre l'effort en cours d'une façon continue et régulière.

Jean-Claude arrive ici avec un tout autre optique, son problème est différent et ne se pose pas en ces termes, il participera activement à cette organisation bien rodée dès son adhésion sans attendre des miracles.

Ses quinze ans tendent leur incontournable barrière de la réglementation, le pilotage de l'avion n'est pas à sa portée. Il lui est actuellement impossible de pouvoir prétendre à diversifier ses activités, il lui faudra encore attendre avant de s'imposer dans toutes les disciplines offertes par le programme de l'aéro-club, seule la section vélivole lui est accessible, et encore, en aucun cas il pourra être breveté cette année…

Pour la première saison cela semble raisonnable, jamais il ne faut brûler les étapes de la vie, l'entrée en la matière est déjà une charge suffisante pour lui et sera l'indicateur, le premier jalon, de la direction qu'il s'est choisie.

Il ne peut s'empêcher d'envier ceux qui passent, sans transition, de l'habitacle du planeur au cockpit de l'avion, en parcourant les quelques mètres qui les séparent sur l'aire de stationnement devant les hangars.

L'an prochain, avec un anniversaire de plus à son actif, toutes les portes lui seront ouvertes, ses activités se compléteront avec en plus l'avantage d'avoir déjà couvert une partie du trajet l'année précédente. Il entrera ainsi de plein pied dans l'action aéronautique sous pratiquement toutes ses formes.

La formule choisie par le jeune homme n'est d'ailleurs pas sans ambiguïté. Il n'est pas considéré comme un stagiaire à temps complet. Contrairement aux scolaires qui vivent vingt-quatre heures sur vingt-quatre sur l'aérodrome, logent et prennent leur repas à quelques pas d'ici, dans des cabanes aménagées agréablement dans un confort relatif, Jean-Claude ne se rend sur la piste que deux ou trois fois par semaine en chevauchant son vélomoteur… Dans son cas, cela ne présente aucun inconvénient majeur, il sera toujours disponible afin de poursuivre le cycle de formation, même après le stage il aura toujours le loisir de venir ici lorsqu'il le désirera, tout au long de l'année.

Les stages ne sont pas les seules articulations vitales du club, l'activité se poursuit durant toutes les saisons, en fonction des conditions météorologiques qui sont les seuls moteurs des planeurs.

Lorsque Jean-Claude estime que le déplacement ne se justifie pas, il travaille avec ses parents, comme convenu dès la fin de sa scolarité primaire.

Il a le libre choix de son horaire et de son emploi du temps. La seule contrainte qui lui est imposée est de rester à l'atelier familial un nombre d'heures suffisant afin de justifier et de mériter l'aide financière qui lui est attribuée et lui permettra d'assouvir sa passion.

Ce sera à lui de prouver que sa participation à la vie active n'est pas exclue de son programme initial et que sa bonne volonté ne sera jamais mise en cause par son rêve avant que celui-ci ne vienne s'imposer de lui-même. En attendant cette conclusion espérée il se doit d'assumer au mieux les responsabilités que la vie parsème sur sa route.

Sous les latitudes qui encadrent le pays, la saison vélivole n'est réellement active que lorsque les éléments météorologiques le permettent, elle ne peut s'exprimer toute l'année. Dans le creux de la vague, la vie des aéro-clubs se passe au ralenti, sans pour cela mettre la clé sous la porte.

Dès les premières annonces de l'hiver le rythme est cassé par l'arrivée du mauvais temps et son cortège de pluies et de brumes qui obscurcissent l'horizon.

Les planeurs ne trouvent plus que de rares ascendances sporadiques dans les fugitives éclaircies qui trouvent encore une petite place dans un ciel couvert. La saison est propice à la remise en état du matériel dans les petits ateliers attenants aux hangars qui gèrent l'entretien périodique obligatoire des appareils.

Le réveil réel et efficace de l'activité ne se fera qu'avec celui de la nature et l'apparition des premiers beaux jours d'un printemps naissant.

Dès que le rapport de temps entre le jour et la nuit sera inversé en faveur de l'activité diurne, dès que les premiers rayons de soleil viendront réchauffer l'atmosphère et encourageront la formation des cumulus de beau temps, les planeurs seront sortis des hangars et retrouveront le chemin de la piste ainsi que les avions remorqueurs qui feront entendre de nouveau leur vrombissement significatif.

Sur l'aérodrome endormi la vie reprend lorsque ces optimistes nuages aux couleurs de neige bordés d'un liseré grisonnant viendront meubler l'azur de leurs silhouettes tourmentées, reliés entre eux par le trait rapide des hirondelles qui les accompagnent de leurs cris stridents.

Alors reviendra le vif espoir d'une saison nouvelle toujours plus active et plus attrayante que la précédente. Le mystère du futur immédiat apportera son savant dosage de rêve et d'espoir qui équilibrera toutes chances de chacun sur la ligne de départ dans l'hypothétique performance réalisable à court terme.

Malgré toute la souplesse de son emploi de temps, Jean-Claude est confronté à la réalité, il est obligé de composer et de tenir compte de son activité professionnelle pour établir son programme de la semaine.

Il considère avec lucidité que sa tâche actuelle n'est qu'un palier qui lui permettra d'attendre. Avant de poursuivre l'escalade de la phase suivante dès que l'opportunité se présentera. Les quelques jours que ses parents-employeurs lui accordent au cours de la semaine ne sont que des congés fractionnés afin de lui permettre de suivre régulièrement sa formation en cours.

Lorsqu'il sera breveté, les choses seront différentes et rentreront dans la normale des habitudes établies, il ne disposera alors que des jours fériés et des fins de semaines pour assouvir sa passion en attendant d'exercer une activité à temps complet sur les lieux même de ses rêves.

Dans l'attente de la réalisation de son audacieux programme la vie impose ses exigences et le travail fait partie intégrante de celles-ci avec toutes ses rigueurs.

L'espoir est tenace, il est plus que jamais certain que bientôt ses efforts et sa persévérance seront récompensés. Les années viendront où les fantasmes céderont la place à la réalité, ses espérances seront reléguées au fin fond du domaine du passé avec la conclusion de ses projets.

Jamais il ne s'est senti un enfant gâté et nourri de promesses fantaisistes, une porte s'ouvre devant lui, la porte de la vie, toute grande et pleine d'inconnus. Il a décidé de la franchir d'un pas assuré avant qu'elle ne se referme.

Il veut diriger sa vie vers un avenir qu'il devine prometteur, mais difficile. Il sent l'irrésistible aspiration de cette vocation aéronautique qui s'est peu à peu imposée, presque malgré lui depuis plusieurs mois déjà, plusieurs années même, comme un sacerdoce.

* * *

Depuis le début de la saison dernière, un Wassmer BI-JAVE remplace avantageusement l'ancien Caudron C 800 dont la carrière bien remplie touche à sa fin après de nombreuses années de bons et loyaux services sur tous les aérodromes nationaux où se pratique cette discipline.

Ce dernier aura l'insigne honneur de rejoindre le hangar tout neuf où Jean Baptiste Salis remise sa collection inestimable d'appareils déclassés. Là, quelques fanas passionnés par les débuts de l'aviation passent tous leurs loisirs dans l'atelier de restauration attenant où ils s'efforcent de redonner vie et de maintenir en état de vol des machines aptes à continuer de prendre l'air. Tous sont pilotes, la récompense suprême sera de voler sur *l'ancêtre* rénové un jour ou l'autre.

Le nouveau planeur école semble beaucoup plus souple et plus maniable que son prédécesseur, il est surtout plus adapté à la mission qui lui est confiée. Pour ce premier vol, Jean-Claude concentre toute son attention sur la tenue des commandes afin de piloter en même temps que son instructeur. L'appareil suit docilement la trajectoire de l'avion qui donne l'impression de flotter inlassablement quelques soixante mètres devant lui.

L'instructeur, installé en place avant, est tout surpris de constater une présence effective sur les commandes et de la précision de celle-ci. Il ne lui reste qu'à constater qu'il a très peu d'effort à fournir afin de maintenir le planeur en bonne position sur sa trajectoire.

Cette leçon n'est en principe qu'une simple prise de contact avec la troisième dimension, elle se résume habituellement en quelques minutes de vol d'accoutumance afin de juger le comportement et de définir une première impression sur l'élève nouvellement inscrit.

Aujourd'hui l'instructeur a rapidement toisé le nouveau malgré son jeune âge, celui-ci ne se comporte absolument pas comme un néophyte, le cours brûle les étapes en devenant rapidement une véritable leçon de pilotage.

— Vous avez déjà piloté ?

C'est plus une constatation qu'une question que la réalité impose.

— Non, pas en place de commandant de bord, par contre j'ai quelques heures de vol en avion avec des amis, souvent ceux-ci me laissaient complaisamment les commandes…

— Bien, les réactions sont saines, sans mauvaises habitudes, je pense que nous irons très vite dans la progression.

Un instructeur se méfie toujours des élèves qui ont déjà piloté d'une façon « pirate », sans méthode précise. Souvent ceux-ci sont passés directement à la pratique sans avoir disséqué les phases élémentaires de chaque configuration de vol, cela entraîne parfois à de mauvais réflexes avec tous les inconvénients que cela impose.

La rééducation n'est pas toujours aisée et le moniteur éprouve souvent certaines difficultés à imposer les conclusions normalisées qu'il a acquises lors de ses différents stages au sein des Centres Nationaux de vol à voile.

Intérieurement Jean-Claude éprouve un agréable sentiment de satisfaction, il n'est pas un véritable débutant au sens propre du mot. Il s'est bien gardé d'avouer qu'il vient de passer plus d'une année en bordure des pistes d'un aéro-club voisin et qu'il a souvent eu l'occasion de tenir le manche. Il n'a pas osé dire qu'il possédait les bases élémentaires de pilotage, qu'il avait déjà beaucoup lu de livres traitant de la technique du pilotage et que le vocabulaire parfois barbare du pilote ne lui était pas étranger.

Par timidité il s'est tu, craignant de passer pour un fanfaron comme on en voit beaucoup palabrer autour des bars des aéro-clubs…

Un planeur est différent d'un avion, le comportement de celui-ci lui est totalement inconnu, alors, pourquoi étaler son maigre savoir si celui-ci n'est pas à la mesure du travail demandé.

De lui-même, inconsciemment, il s'est trahi par sa maîtrise immédiate des commandes, maintenant, il ne lui reste plus qu'à dire la vérité, toute la vérité sur son court passé aéronautique afin que l'instructeur puisse l'intégrer dans la progression envisagée.

C'est en élève studieux et appliqué qu'il s'est plié aux rapides explications qui ont précédé l'embarquement à bord de l'appareil et avant l'envol tant attendu.

Devant lui le Morane 317 bat des ailes d'un mouvement sec et caractéristique. La réalité fait à nouveau surface. Un rapide coup d'œil à l'altimètre, il affiche 400 mètres, c'est le moment de retrouver son autonomie après s'être libéré de son entrave.

L'instructeur tire rapidement, sans aucune brutalité, sur la petite boule rouge située à gauche du tableau de bord. Clac… ! le câble s'échappe et pend derrière l'avion qui s'éloigne en amorçant, sans aucune hésitation, une rapide descente, après tout de même avoir vérifié que le planeur était bien largué.

Dans une ou deux minutes il aura rejoint le sol où l'attend un autre planeur en quête d'espace. Il n'arrêtera même pas le moteur, se placera devant l'appareil fin prêt, attendant que les ailes soient maintenues horizontalement, indiquant ainsi que tout est paré pour un nouvel envol, le roulage peut commencer pour un nouveau circuit.

Plus haut dans le ciel, le planeur précédent, libre de ses manœuvres, est beaucoup plus facile à dompter. Jean-Claude s'efforce de suivre au mieux les explications de son instructeur qui, sans transition, amorce une série de virages successifs afin de bien se centrer et de profiter au maximum des ascendances qui caractérisent l'utilisation de ce merveilleux moyen d'expression.

Cette après-midi les conditions aérologiques sont favorables aux vélivoles. De bonne heure l'ensoleillement s'est révélé prometteur en chauffant l'atmosphère, les cumulus n'ont pas tardé à se former et à meubler l'horizon.

Cette première leçon durera presque une demi-heure. Bientôt la roulette du planeur, située sous les pilotes, vient prendre contact avec le gazon de la piste, pratiquement au même endroit où se trouvait l'appareil avant son départ, il ne sera pas utile de le déplacer pour un nouvel envol, avec un nouvel élève.

Avant d'ouvrir la verrière et d'évacuer l'habitacle, le moniteur déballe son commentaire en s'efforçant d'établir, le plus objectivement possible, un diagnostic précis sur le virus qui étend son empire dans l'esprit du jeune homme. La conclusion est empreinte d'une bonne dose d'optimisme, Jean-Claude est bien atteint par la passion du vol et son comportement aux commandes est conforme à ses espérances.

Toujours sous l'emprise de cette dernière demi-heure passée entre ciel et terre, il cède sa place à l'élève suivant qui rapidement endosse le parachute et s'emprisonne dans les harnais qui le ligote au siège.

Ce premier contact avec le vol sans moteur le laisse un instant rêveur, ce sport aérien, méconnu de grand public, mériterait une plus grande attention de la part des médias qui semble ignorer son existence même.

Pour lui, ce n'est pas une nouveauté totale, d'emblée il se sent à l'aise aux commandes d'un planeur. La perspective du chemin à parcourir avant la conclusion de ses espoirs lui procure un moment de vertige dans une vague passagère, de découragement. Ce n'est là qu'une réaction tout à fait logique après une intense concentration nerveuse imposée par ce premier vol en tant qu'élève pilote, c'est la décompression qui fait son office.

Les critiques encourageantes de son accompagnateur estompent ses préoccupations fugitives et ramènent l'habituel sourire à ses lèvres, il a tout l'avenir devant lui, ce n'est là que le prélude à ses ambitions, il n'a que quinze ans.

Sur la piste, le MS 317 s'élance et décolle, emportant dans son sillage, comme son ombre, le gros insecte parasite qui prend son essor à sa remorque, gauchement, comme gêné par ses trop grandes ailes blanches qui oscillent à basse vitesse avant de retrouver toute son assurance dès que le sol n'est plus qu'un souvenir pour sa roulette.

* * *

L'activité parallèle des stages doubles complique un peu l'organisation et le déroulement normal du programme habituel. La planification des vols n'est pas aisée et la présence d'élèves qui se présentent ponctuellement sur l'aérodrome, sans prévenir, n'arrange pas la mise en place de la grille nominative des vols journaliers.

Aucun problème n'est insurmontable pour les organisateurs chargés de ces activités aéronautiques, ils ont l'habitude de ces situations mal définies qu'ils solutionnent toujours. Ils savent jongler avec l'emploi du temps de chacun et se sortent aisément d'embarras sans aucun dommage.

Chaque matin plusieurs équipes sont constituées et se voient attribuer des charges bien définies et bien précises pour toute la journée qui débute.

Il reste toujours la possibilité de roulement afin que chacun ait une part active sensiblement équivalente dans le rouage du mécanisme qui se met en place à l'instant même où les portes des hangars sont poussées pour libérer les appareils. Ces dispositions donnent un peu de souplesse à l'organisation, les stagiaires sont ici pour leurs loisirs.

Les planeurs demandent, pour être opérationnels, beaucoup plus de main d'œuvre que les avions. Il faut les convoyer, accrochés à la voiture de service, jusqu'au lieu d'attente, en bordure de piste, avant d'être alignés et parés pour l'envol. Tant qu'ils n'ont pas rejoint la troisième dimension ils ne sont pas autonome et ne disposent nullement de leur avenir, ils sont à la merci de l'homme. En vol, la responsabilité est inversée…

La discipline, librement consentie, sur la plate-forme permet aux bénéficiaires de l'école double de faire aisément la navette entre l'extrémité de piste où se trouvent les planeurs biplaces et le parking bétonné devant les hangars où stationne le Jodel.

Un élément favorable milite en la faveur de l'efficacité de cette forme d'instruction, certains moniteurs sont détenteurs de la double qualification d'instructeur et peuvent assumer la formation d'un même élève quelle que soit la discipline étudiée. Le futur pilote reste ainsi en permanence avec le même passager, et, si le contact est bon, l'instruction se déroule dans les meilleures conditions possibles et tout devient plus décontracté et plus aisé.

La phase d'adaptation est plus réduite, l'instructeur possède rapidement des éléments supplémentaires afin de jauger les progrès réalisés et de déceler les défauts éventuels qui se feraient jour dans une discipline ou dans l'autre. La synthèse des deux activités ne peut qu'être bénéfique à l'élève par une vue d'ensemble plus large et un jugement plus objectif de son formateur qui le connaît bien.

Sans être réellement jaloux, Jean-Claude envie tout de même ceux de ses camarades de stage qui, pour lui, ont beaucoup de chance. Cela n'est que le reflet de la date de naissance et ainsi cela pose l'éternel problème des limites.

Cette injustice ponctuelle sera rétablie par une année de patience. Le jeune homme pense tout de même qu'un an c'est long lorsque l'on attend. C'est la rançon de la précocité de sa vocation, il lui faudra attendre que sonne le jour de ses seize ans afin de prétendre entamer l'école en double commande sur avion.

Son attente ne sera pas complètement meublée de vide aéronautique, il commence à voler. Par contre, la sanction suprême du brevet de pilote privé d'avion l'obligera à attendre de nouveau une année de plus puisque l'attribution de ce diplôme ne peut être efficace qu'à partir de son dix-septième anniversaire.

Le chef de centre, sensibilisé par les résultats concrets de son école, est très fortement motivé par la présence de ces élèves doublement passionnés.

Aux yeux des organismes officiels de tutelle, il lui faut justifier une importante activité et conclure par un maximum de résultats, donc un maximum de brevets, afin de prétendre bénéficier d'une façon substantielle des aides matérielles et financières de l'administration qui parraine ces activités sportives.

Les fonctionnaires, assis derrière leurs bureaux, ne connaissent que les comptes rendus d'activité tapés en de multiples exemplaires, avec leurs chiffres, leurs statistiques et les bilans qui se matérialisent en brevets et se dessinent en courbes que seuls des initiés en la matière arrivent à interpréter sans difficultés…

Une animation presque fébrile règne sur l'aérodrome où l'activité bat son plein. Le manège est lancé, les planeurs et les avions se partagent sans heurt l'espace restreint qui leur est réservé et toléré par la présence de l'importante base aérienne d'essais en vol voisine, à quelques kilomètres au nord.

La réglementation impose des circuits de piste différents pour les deux types d'appareils, avion et planeur, afin d'éviter toute interférence de trajectoire. Seuls les MS 317, avions évoluant au service des planeurs sont autorisés à circuler dans le circuit de droite réservé à ces derniers, ce qui permet de respecter des temps de vol très réduits en raccourcissant le tour de piste à sa plus simple expression lors des remorquages.

La bande gazonnée se voit elle-même partagée en deux parties équivalentes et parallèles, délimitées par un axe imaginaire passant par le milieu de la piste sur toute sa longueur.

Toutes les dispositions légales sont notifiées et respectées afin d'assurer une cohabitation sans accroc et surtout sans danger pour les deux utilisateurs de la plate-forme d'assiette.

La présence de la capitale toute proche entraîne un risque de saturation de l'espace aérien autorisé et les dirigeants des aéro-clubs locaux sont confrontés à d'importants problèmes de sécurité toujours omniprésents.

La vigilance impose une importante sensibilisation des pilotes à ces risques, dès les premiers vols les consignes strictes du respect de la réglementation sont enseignées aux élèves qui prennent leur première leçon.

Une certaine souplesse dans l'application de ces consignes doit permettre d'éviter que celles-ci ne se dressent comme un mur devant la joie de s'exprimer en pilotant, tel un filet hermétique qui emprisonnerait chacun dans un espace vital réduit et décourageant.

En vol, il est indispensable de se déplacer afin d'assumer son plaisir de voler sans pour cela se trouver systématiquement en infraction avec une réglementation tatillonne qui a ses raisons d'exister. Une discipline rigoureuse, consentie dans un esprit de coopération complète afin que tous puissent assouvir une passion, sans gêner d'autres qui exercent leur profession.

Les vols n'occupent pas totalement le temps disponible des stagiaires. Entre chaque leçon chacun participe activement à l'organisation en se relayant à tour de rôle à des postes indispensables, parfois insignifiants et sans honneur, sans lesquels rien ne pourrait se faire et risquerait même de provoquer un début de grippage dans le rouage bien rodé du déroulement du stage.

Après chaque remorqué, alors que l'avion vient d'effectuer son passage bas et vient de larguer son câble sur l'herbe, la piste doit être rapidement libérée de son obstacle encombrant. La corde est amenée en position d'attente afin de servir une fois encore pour un nouvel envol.

Deux personnes sont nécessaires pour assurer le verrouillage de l'élingue à chaque extrémité, sur le planeur et sur le crochet du MS 317 qui attend déjà, moteur tournant, en bonne position pour repartir dans son élément de prédilection.

Dès que l'hélice de l'avion remorqueur augmente son régime un aide soulage l'aile basse du planeur qui touchait le sol et la maintien en position horizontale. Le câble se tend, l'attelage sursaute un instant et s'ébranle, le servant l'accompagne quelques pas en courant de plus en plus vite, ne lâchant prise que lorsque la vitesse est suffisante pour assurer à elle seule la sustentation du planeur. L'action aérodynamique de l'air sur les gouvernes permet alors de soutenir l'équilibre et de maîtriser la trajectoire de l'appareil derrière l'avion qui accélère et quitte le sol après quelques soubresauts de ses roues sur l'herbe.

Un autre stagiaire, une planchette de contre-plaqué sur les genoux, assis en tailleur à côté des balises proches du point de décollage, note scrupuleusement tous les éléments de chaque vol. Il découpe méthodiquement les tranches de temps passés dans les airs en remorquage et en vol libre suivant des colonnes préalablement tracées sur sa feuille.

Les heures de départ, de largage et de retour sont notées après un rapide coup d'œil à la montre fixée en haut de la planche. Sur la traditionnelle feuille de vol journalière il consigne, entre les traits délimitant chaque rubrique, la vie du club, en noms, types et immatriculations des appareils, heures et minutes encadrant chaque phase d'activité.

Ces éléments, reflets de l'activité réelle, sont très utiles et même indispensable à toutes les branches administratives de l'association et permettent en outre à chaque pilote de retrouver matière à remplir son carnet de vol personnel dont les annotations seront le témoignage irréfutable de ses activités aéronautiques et jaugeront son niveau en la matière.

Au cours des années l'addition augmentera son total, cette simple comptabilité sera, pour le pilote, la seule référence valable et reconnue de son expérience en la matière. D'autre part, ce document servira aussi à baliser son cheminement lors d'une revue de souvenirs, les dates consignées sont précises et permettent de jalonner sans coup férir des événements caractéristiques d'une vie.

Pour l'association, cette feuille de vol journalière, classée et archivée entre celle de demain et celle d'hier, permettra d'en extraire des statistiques indispensables et tous les éléments permettant de rédiger avec précision le rapport d'activité trimestriel à communiquer à différents services officiels de tutelle.

Au cours du temps qui défile le même manège se déroule quotidiennement, devenant un rite pratiquement immuable que seuls les éléments météorologiques instables viennent perturber de temps à autre, comme pour affirmer qu'il ne fait pas toujours beau sous le ciel de la campagne qui borde la banlieue sud de la région parisienne.

Le schéma est devenu classique et parfaitement logique. Dès le petit matin les portes des hangars sont poussées en faisant entendre la plainte mécanique de leurs roues mal graissées sur le rail. C'est ensuite le moment délicat où il faut extirper, l'un après l'autre, les appareils enchevêtrés ailes dans ailes et que seules de savantes manœuvres mûrement réfléchies permettent de dénouer d'une façon rationnelle sans prendre le moindre risque vis à vis de ce matériel d'aspect fragile et surtout très onéreux que sont les planeurs.

Les grandes ailes fines et élancées sont encombrantes et difficilement maniables, leur remise dans le hangar est délicate et pose de sérieux problèmes de manutention. Le soir venu, alors que le dernier appareil vient à peine de regagner la terre ferme, c'est le moment de réintégrer tout le matériel pour la nuit qui s'annonce. Toutes les bonnes volontés disponibles sont réquisitionnées afin de loger tous les planeurs dans le volume réduit des hangars sans que la fermeture des portes soit entravée par un bout d'aile ou un morceau de dérive qui dépasse la limite imposée…

Parfois, il est indispensable de manœuvrer plusieurs appareils en même temps, le maître d'œuvre est souvent obligé de donner de la voix pour ordonner des déplacements simultanés, adoptant des dispositions non pénalisantes pour la future sortie des planeurs, demain matin de très bonne heure…

La boucle journalière est fermée, le manège quotidien est terminé, il ne redeviendra actif qu'avec le lever du jour, demain aux premières lueurs de l'aube naissante.

* * *

Les journées se passent ainsi, l'une après l'autre, dans l'uniformité de l'habitude rapidement prise. Le mois d'août déroule son calendrier à un rythme très rapide imposé par l'activité débordante que la jeunesse des stagiaires ne dément à aucun moment.

Tous ceux qui sont ici sont volontaires, ils ont répondu présents au premier appel, ce sont des mordus des choses de l'air, ce sont des inconditionnels du vol à voile. Naturellement une sélection s'est opérée peu à peu, certains, très peu, ont décroché dès le début et ont quitté les lieux en constatant que cette activité de loisir ne correspondait pas à l'espoir qu'ils avaient placé en ce séjour de vacances un peu spécial.

L'image délivrée lors des réunions d'information se doit d'être objective et sans détour, aucune ambiguïté ne doit se faire jour et subsister, le vol à voile n'est pas un sport de tout repos et pratiqué en solitaire, l'esprit d'équipe est de rigueur et est indispensable afin de conclure favorablement le stage en cours.

Bientôt les petits monoplaces d'entraînement, Nord 1300 ou Émouchet SA 104, viendront prendre la relève et soulager l'activité du Bijave et de l'instructeur. Les élèves les plus doués ont rapidement progressé et atteint un niveau suffisant, ils ont abandonné le biplace d'école pour l'étroite cabine du planeur de début aux performances limitées.

Ce modeste moustique de l'air permet parfois, lorsque les conditions aérologiques sont exceptionnelles, d'entreprendre des chevauchées épiques qui amèneront le pilote, avec un peu de chance, à reprendre contact avec le sol après avoir parcouru plus de cinquante kilomètres de distance en vol libre. Ce premier pas est en réalité un grand pas vers la compétition future qui reste la finalité de beaucoup de pratiquants du vol à voile.

Déjà deux ou trois stagiaires ont émergé du groupe de débutants et s'entraînent fermement dans le but avoué et avouable de passer rapidement les trois épreuves nécessaires à l'obtention du brevet C de vol à voile.

Le Nord 1300 se trouve donc tout naturellement garé entre les balises, position d'attente avant de s'aligner sur la bande gazonnée, lorsque le chef pilote invite Jean-Claude à le mettre en piste et à s'y installer en vue de son premier vol seul à bord. Le dernier vol qui vient de s'achever est suffisamment convaincant pour que le moniteur prenne cette importante décision qui compte beaucoup dans la carrière d'un pilote.

La mise en oeuvre de l'appareil laisse tout loisir au jeune homme de recevoir les derniers conseils prodigués par son instructeur qui lui confirme les nouveaux paramètres à utiliser sur cette machine totalement différente, mais dont le pilotage est très proche, sinon plus facile que celui du planeur école qu'il vient de quitter.

Pour cette première année d'utilisation du nouvel appareil d'école, les dirigeants n'ont pas encore pris la décision d'effectuer les lâchés directement sur cette machine qui le permet, la procédure n'est pas encore bien précise et c'est toujours sur un petit monoplace que s'effectue cette opération.

Dès les premiers mètres derrière le remorqueur, Jean-Claude sent qu'il maîtrise parfaitement la situation nouvelle ainsi que sa machine avec laquelle il a tout de suite fait corps, la confiance s'est imposée d'elle-même et a pris le dessus.

Maintenant qu'il est seul à bord il n'a pas le droit de faillir à son rôle, l'instructeur a jugé sa personnalité et son aptitude à assumer la responsabilité du pilotage seul avant de prendre cette importante décision tant attendue secrètement, parfois même redoutée, par les élèves arrivés à un certain stade de la progression.

Effectivement, le planeur est plus prompt à répondre à la moindre sollicitation des commandes. Seul le volume change, l'habitacle est nettement plus étroit, pour le jeune homme cela ne pose aucun problème, il ne faudrait pas être beaucoup plus enveloppé pour que les coudes ne viennent frotter les cloisons latérales de la cabine et créent une gêne pour les manœuvres.

Il semble évident et préférable de choisir un appareil plus spacieux pour les personnes plus fortes de corpulence, la position dans le petit monoplace n'est pas des plus confortable pour effectuer un long vol tranquille.

L'équipement du tableau de bord est normalisé et Jean-Claude n'est nullement dépaysé par les affichages qui s'offrent à lui. Sur ce planeur tout est simplifié au maximum, presque en limite du plus strict nécessaire.

Les différentes phases du vol se déroulent et s'enclenchent automatiquement, comme lors des vols en double commandes.

Un battement d'aile de l'avion qui précède, clac…, le Nord 1300 est libéré de toute entrave par la simple action de son pilote sur la tirette rouge située à sa gauche.

Jean-Claude est seul maintenant, totalement livré à lui-même et seul maître de sa destinée avec toutes les responsabilités que cela implique.

Le remorqueur est reparti en piquant vers le sol avec son câble qui ondule derrière lui en fouettant l'air. Le jeune pilote le regarde un instant s'éloigner, avec une certaine fierté, mais ce n'est pas le moment de se laisser emporter par la rêverie et rapidement il revient à la maîtrise de sa machine pour entamer un dialogue avec les éléments qu'il attendait depuis longtemps déjà.

L'aiguille du variomètre tressaille un instant et sursaute dans sa cage de verre en affichant une indication positive. Une ascendance bien caractérisée se dessine avec précision.

Prudemment le jeune homme incline le planeur et le met en virage, du bon côté d'après sa faible expérience en la matière, afin d'exploiter au maximum les indications de son instrumentation que lui confirme avec optimisme les impressions physiques que son siège lui a transmises.

Timidement il tournoie en spirale, espérant ainsi se centrer parfaitement dans l'ascendance comme le lui a expliqué son instructeur au cours des vols précédents. Toutefois il n'ose pas trop prononcer la manœuvre, c'est son premier vol seul, il ne doit pas l'oublier malgré l'enchantement du moment présent.

Tout en pilotant avec beaucoup de précautions il surveille attentivement, d'un oeil en coin, le défilement du paysage et s'inquiète un peu en constatant que l'aérodrome s'éloigne au fur et à mesure que sa hauteur augmente.

Pour la première fois il ne veut pas risquer une « vache », c'est à dire de se trouver contraint à se poser dans un champ, il ne se laissera pas griser par l'appel des sirènes.

Bien sagement il tournoie sous les cumulus prometteurs, changeant de tremplin chaque fois qu'il le peut afin de toujours rester à portée d'un coup d'aile de la piste qui se dessine un peu plus bas, vers le nord, sur le plateau boisé qu'il connaît bien maintenant et qu'il repère au premier coup d'œil.

Bientôt le ciel se vide de toute masse nuageuse, la poursuite d'une ascendance devient hasardeuse et peut l'entraîner trop loin. Il ne veut prendre aucun risque, à regrets il quitte le manège si passionnant et prend le cap retour qui le conduira le plus directement possible à l'aérodrome.

Immédiatement ses instruments de bord lui confirment une fois encore ses impressions, il lui faudra désormais savoir interpréter les réactions de son fessier et en tenir compte.

Le planeur n'est plus en configuration de conquête du ciel, mais en légère descente régulière. Sa décision est prise, pour aujourd'hui ce vol concluant est nettement suffisant pour se permettre d'en rester là.

Cette première expérience a pleinement rempli le contrat. Bien sur il reste persuadé qu'il lui était encore possible de grignoter quelques minutes de vol en respectant un taux de chute optimal par un pilotage appliqué, avec le secret espoir de retrouver une nouvelle « pompe », de regagner de l'altitude et de repartir à l'assaut du ciel en reprenant de la hauteur.

La fatigue physique et nerveuse l'emporte sur l'esprit d'aventure. Il préfère renoncer à la compétition avec la nature et jouer la carte de la prudence, aucun reproche ne lui en sera fait, son inexpérience de débutant lui conseille vivement de regagner la terre ferme au plus vite en évitant de tenter le diable et de provoquer des éléments encore mystérieux pour lui, sa crédibilité en sera renforcée.

Le planeur descend doucement, le circuit de piste s'approche plus vite que prévu. Les consignes sont strictes et il se trouve dans l'obligation d'exécuter quelques virages complets de trois cent soixante degrés afin de perdre un peu de hauteur excédentaire avant de se trouver en bonne position pour s'inscrire dans la trajectoire réglementaire définie.

Il est actuellement encore un peu trop haut pour tenter avec un succès certain une finale dans les règles de l'art.

Enfin l'aiguille de l'altimètre passe la barre prévue.

Il est maintenant à une altitude compatible avec l'exécution d'une procédure correcte afin de mettre un terme à son vol inaugural sans accompagnateur.

Il arrive face à la piste, bien dans l'axe de celle-ci. Du sol il est aisé d'observer le jeu des aérofreins qui apparaissent et disparaissent sur les ailes selon les désirs et les exigences du pilote. Celui-ci soigne la précision de son approche et recherche à situer son impact le plus près possible de son point de départ, avec toute la concentration que sa jeune expérience de pilote lui permet, ainsi ses camarades de stages n'auront aucune difficulté à déplacer l'appareil de quelques mètres avant qu'il ne soit à nouveau en bonne position pour un nouvel envol.

Le Nord 1300 est à peine immobilisé que le jeune pilote émerge de l'habitacle tout en souriant, comme agréablement surpris de se trouver là après ce qu'il vient de mener à bien pour la première fois seul à bord.

Il dégrafe son parachute et le passe au pilote suivant qui l'endosse immédiatement et en assure le harnachement.

Le comité d'accueil est rapidement regroupé autour de l'appareil, il se résume en quelques camarades du stage accompagnés de l'instructeur qui, tout à l'heure, lui a fait confiance en lui enjoignant de chevaucher le monoplace. Celui-ci s'avance la main tendue afin de féliciter son élève pour son excellente prestation comme le veut l'usage lors d'un lâché.

Durant ce temps le jeune homme qui a pris le relais s'est installé à bord, a bouclé la ceinture de sécurité et a assuré son serre-tête en cuir ainsi que ses lunettes. Le remorqueur arrive et se place devant le planeur, dans quelques minutes il remplira son office et l'attelage repartira à la conquête du ciel.

Enfin le grand jour tant attendu est arrivé sans se faire annoncer. Jean-Claude peut maintenant se considérer comme un pilote à part entière, ou presque.

Ces quelques minutes de vol au-dessus de la région sud de la banlieue parisienne sont amplement suffisantes pour que le jeune homme puisse jauger pleinement ses possibilités.

Il est alors en mesure de prendre conscience d'une réalité qui s'impose d'elle-même et qu'il n'avait, jusqu'alors, qu'espérer depuis bien des années de rêves et d'espoirs.

Ce soir ses parents le laisseront narrer inlassablement sa prouesse de l'après-midi qu'il émaillera de termes techniques et purement vélivoles pour bien étayer son histoire.

Ils feront semblant de tout comprendre en masquant une secrète inquiétude bien légitime qui les tracasse un peu en sachant que Jean-Claude part maintenant seul dans les airs à bord de sa machine.

Il ne leur est pas difficile de comprendre que leur fils est le plus heureux des jeunes hommes de son âge tant sa joie rayonne en éclats communicatifs. Ceci compense cela, et ils ne lui parleront pas de leurs craintes…

* * *

Depuis ce jour mémorable que Jean-Claude n'est pas près d'oublier, quelques mois se sont écoulés. L'année a changé de quantième, hier il a soufflé les seize bougies de son gâteau d'anniversaire.

Une fois encore son vélomoteur le mènera vers son lieu de destination habituel, sachant que dans quelque temps, dans quelques semaines, il fera des infidélités aux planeurs.

Il retrouvera à nouveau le circuit de ses randonnées initiales qui le menaient vers le JODEL, là où Francis a fait sa connaissance.

Il s'attaquera au pilotage des machines à moteur, mais avant cela il veut absolument conclure sa progression de pilote de planeur en obtenant le premier brevet accessible.

Sur le plateau l'activité est beaucoup moins fébrile qu'au mois d'août dernier, tout y est plus décontracté.

La saison des congés scolaires est terminée depuis quelque temps déjà, l'aérodrome a repris un aspect plus calme et plus serein depuis le départ des derniers stagiaires.

Seuls les habituels pilotes régionaux, adeptes fervents de la section de vol à voile et quelques membres de l'aéro-club local hantent le parking devant les hangars.

L'attrait de ces sports aériens semble envoûter ces hommes qui viennent des environs de la capitale toute proche. Après une semaine laborieuse au bureau et les tracas quotidiens de la vie urbaine, il leur est salutaire de se plonger dans ce bain de décontraction, d'où le sens des responsabilités n'est pas exclu. Tous les soucis journaliers sont relégués au rang des choses à ignorer, totalement, hélas, pour un temps trop court à leurs yeux.

Ici il n'y a que des pilotes, des élèves pilotes et des sympathisants, toute discussion d'ordre professionnelle ou politique a fortiori, est totalement bannie. Chacun est venu bénéficier de sa part de troisième dimension que lui offre le planeur ou l'avion, il ne faut pas la gâcher…

Aujourd'hui les élèves débutants sont absents lorsque les portes du hangar sont poussées, les BIJAVES resteront bien sagement au fond de leur enclos protecteur pour un repos forcé et prolongé.

Les monoplaces quant à eux, du petit Nord 1300 de tout début, au Super Javelot de compétition (pour l'époque), en passant par le Nord 2000, le K6 et l'aile volante Fauvel AV 36, sont placés à quelques mètres des hangars d'où l'avion remorqueur les emportera l'un après l'autre derrière lui.

L'attelage rejoindra la piste au cours du décollage par un léger virage alors que les roues sont encore en contact avec le sol, sans perte de temps.

La manœuvre n'est pas très réglementaire, elle est habituelle ici lors des premiers départs de pilotes confirmés. Elle n'engage que la responsabilité de ceux-ci et ne présente pas de gros risques. Elle est pratiquement sans danger autre que le mauvais exemple donné du respect de la réglementation établie.

Les abords sont bien dégagés dans tous les azimuts et les pilotes aux commandes de l'avion s'offrent ainsi un petit plaisir supplémentaire que leur maîtrise de la machine leur permet sans aucun problème.

Depuis son lâché, Jean-Claude s'est entraîné régulièrement, malgré les interruptions obligées que la saison hivernale impose.

Cette année, celle-ci n'a pas été clémente ni bienveillante, les intempéries ont été rigoureuses et n'ont autorisé les planeurs à prendre l'air que très rarement.

Profitant des parcimonieuses éclaircies utilisables, le jeune homme a travaillé son pilotage et perfectionné son esprit de décision.

Il commence à bien connaître et à mieux maîtriser toutes les ficelles lui permettant de manier avec fermée et souplesse le Nord 1300, ou le SA 104.

Ces machines sont toutes les deux des appareils de début très légers avec lesquels il est pratiquement exclu d'envisager même de s'attaquer à des performances significatives dignes de ce nom.

Renseignements pris auprès des services de la météorologie nationale sur les conditions aérologiques locales, confirmées par un rapide regard circulaire, le chef pilote, accompagné du commissaire de l'Aéro-club de France, a décidé que ce sera encore un grand jour et qu'une nouvelle marche dans l'escalade du pilotage sera gravie aujourd'hui même par le jeune homme.

Le barographe, théoriquement plombé, est placé dans l'étroit coffre à bagages qu'obstrue une simple plaque de contre-plaqué tenue par une vis juste derrière la nuque du pilote. Cet honnête mouchard est chargé d'enregistrer impartialement toutes les altitudes successives qu'aura croisé le planeur en cours de ses évolutions, indiquant fidèlement de sa trace encrée toutes les variations de cet important paramètre du vol.

En s'installant à bord, Jean-Claude se sent une âme de battant et de vainqueur. Comme avant chaque départ il a la ferme intention d'exploiter au mieux le tremplin qui s'offre à lui et se promet de tenir l'air le plus longtemps possible.

Il espère secrètement battre son propre record de durée qui actuellement ne doit pas excéder une quinzaine de minutes…

Dans le ciel, des petits cumulus se forment et se déforment au gré des vents. Ils affichent beaucoup de promesses et invitent à tenter l'aventure. Leur allure est bien sympathique et matérialise, aujourd'hui, des conditions favorables à la pratique du vol à voile, l'espoir est de rigueur.

La manche à air s'agite mollement au sommet de son mât métallique, prouvant par là même que ce ne sera pas la puissance du vent qui risquera d'entraver et de contrarier le retour à la piste lorsque le variomètre avouera son désespoir en se cantonnant dans le secteur négatif du cadran gradué.

Le MS 317 décolle suivi de son inséparable insecte parasite que semble être le Nord 1300 à quelques dizaines de mètres derrière.

L'habitude est prise et le jeune homme n'éprouve aucune appréhension à suivre docilement le remorqueur du ciel qui le porte rapidement à une altitude indiquée de 500 mètres.

Les appareils ne sont pas équipés de radio afin de communiquer entre eux, des signes conventionnels sont définis avant le décollage pour indiquer les changements de phases au cours de la manœuvre. Ainsi Jean-Claude sait qu'il doit se larguer maintenant. Un frémissement de l'avion suivi d'un battement d'ailes caractéristique lui a confirmé la présence timide mais réelle d'une ascendance exploitable.

Maintenant c'est à lui de jouer et d'entamer la partie de cache-cache avec les nuages.

Le tremplin semble correct, l'aiguille du variomètre, instrument indispensable au vélivole, indique une franche tendance à l'optimisme, impression que lui confirme son fessier en glissant sur le siège à chaque coup donné par la turbulence qui accompagne les ascendances.

Avec une précision acquise au cours des vols successifs qu'il a déjà effectués, Jean-Claude vire rapidement et tente de se centrer parfaitement dans la masse tourbillonnante d'air favorable à l'escalade du ciel.

Paradoxalement, un planeur descend toujours, c'est seulement lorsque son environnement immédiat est englobé dans une zone ascendante et que celle-ci s'élève plus vite que son propre taux de chute, que le planeur gagne de l'altitude.

Dès que l'équilibre est inversé, le pilote est contraint de quitter très rapidement le secteur pour partir à la recherche d'une nouvelle masse d'air active, dans le bon sens. Seule son expérience aérologique lui permettra de reconnaître les petits riens significatifs qui l'inciteront à choisir telle ou telle direction. Certains signes caractéristiques se manifestent ainsi dans le ciel et jalonnent la trajectoire idéale à suivre pour durer.

Une connaissance approfondie des phénomènes météorologiques et leurs évolutions possibles, s'appuyant sur un flair orienté vers la pratique du vol à voile, permettront au pilote d'exploiter au maximum le moindre symptôme d'une suite positive des éléments constituant la vie de l'atmosphère qui entoure notre planète. Une demi-heure s'est déjà écoulée depuis que Jean-Claude tournoie inlassablement dans l'éther, passant allègrement d'un gros flocon blanc à un autre dès que les barbules nuageuses frisent son habitacle.

A plus de mille mètres de hauteur il folâtre sous la base immédiate des cumulus qui parsèment l'azur. Derrière sa tête le tic tac régulier du mécanisme du barographe égrène son refrain, prouvant ainsi son parfait fonctionnement que Jean-Claude n'a aucun moyen de vérifier visuellement. Il espère seulement que la plume mouillée de son encre violette remplira correctement son office, enregistrant fidèlement les moindres variations d'altitude.

Le vol est passionnant et grisant, il en oublie les consignes de prudence qu'il s'est lui-même assigné. L'aérodrome s'est éloigné subrepticement et n'est plus repérable que par un oeil exercé.

Un doute le pousse à abandonner un instant la féerie du vol afin de se situer géographiquement, à bord il n'a aucune carte de la région, le terrain est bien loin et il n'est plus question de le rejoindre en ligne droite par un simple vol plané rectiligne en toute quiétude. Il lui faudra maintenant compter sur la complicité de deux ou trois tremplins atmosphériques afin de revenir vers la piste qu'il a située et qu'il ne perd plus de vue.

Il revient, effectivement les détails connus deviennent plus précis, le plateau boisé se rapproche, l'altitude diminue. Comme souvent dans ces cas là, il a l'impression que tout se ligue contre lui, que le ciel se vide totalement de tout cumulus porteur sur son trajet de retour et que ceux-ci encadrent le terrain à une distance respectable…

Il profite néanmoins de la présence d'un nuage bienveillant qui se tenait encore là pour se retrouver en meilleure position afin de négocier son accès à l'aérodrome. Le gain de hauteur est suffisant pour enfin se lancer vers la piste qu'il compte bien rallier d'un seul trait.

Après un dernier vol plané correspondant à ses espérances, le planeur frôle la piste, le patin de bois touche l'herbe qui se couche doucement devant lui, comme pour saluer son retour sur la planète et glisse quelques mètres avant de s'immobiliser. L'aile droite s'abaisse lentement par manque de portance et prend délicatement contact avec le sol, le Nord 1300 est totalement immobile maintenant, le vol est bien terminé pour cette fois.

Immédiatement le commissaire de l'Aéro-club de France, un ami vélivole de grande expérience, vient prendre possession du barographe et de son précieux enregistrement qui sera le seul juge irréfutable de sa réussite, ou de son échec, à l'épreuve. Ce sera la seule pièce à conviction à joindre au dossier officiel.

Les plombs sont retirés, un rapide coup d'œil dépouille le tracé sinueux qu'a laissé la plume encrée sur le papier quadrillé et précise les conditions réelles du vol qui vient de se dérouler dans le plan vertical et dans le temps.

Les cinq minutes de vol au-dessus du point le plus bas depuis le largage, prescrites pour l'épreuve, sont réalisées, beaucoup plus peuvent même être comptabilisées sans la moindre contestation possible. Il n'y a aucun doute, l'homme assermenté annonce à Jean-Claude qu'il vient de réussir, au premier essai, l'unique épreuve requise pour l'obtention du brevet C de vol à voile.

* * *

La ligne de départ est réellement franchie maintenant, le jeune homme est qualifié pour voler de ses propres ailes. Les machines les plus perfectionnées sont à sa porté, progressivement, en fonction de son entraînement et de ses résultats, il sera autorisé à emprunter des planeurs de plus en plus performants.

La progression est astreignante et semble toujours empreinte d'embûches que le contact humain permet de surmonter. La compétition est rude entre les hommes qui s'adonnent à cette discipline sportive qui les fait affronter les éléments mouvants de la nature.

Dans un avenir plus ou moins proche Jean-Claude sera en parfaite condition afin de participer à des compétitions régionales, puis nationales suivant les résultats acquis précédemment, et pourquoi pas internationales.

Il est toujours permis de rêver et l'ambition est l'un des principaux moteurs qui tiennent en éveil la motivation profonde de celui qui veut faire encore mieux, quitte à se dépasser soi-même. Son très jeune âge est un réservoir d'espérances qu'il faut meubler par une recherche constante des performances à sa portée meilleure que les précédentes.

Certains résultats de vol correspondent à des normes étalons qui graduent l'échelle de valeur des niveaux de pilotage. Jean-Claude a hâte de gravir cette hiérarchie qui lui permettra de changer l'insigne de boutonnière permise par la réussite de certaines épreuves de performances classées. Ce discret signe distinctif permet d'identifier l'élite parmi les pilotes qui gravitent dans la sphère restreinte des aérodromes à la recherche de leur dose de drogue aéronautique.

Il n'en est pas encore là et c'est avec envie et respect qu'il remarque instinctivement le petit macaron bleu caractéristique, accroché au revers de la veste des pilotes chevronnés où brillent parfois une ou plusieurs pointes de diamant, insigne irréfutable et significatif de leur compétence et de réussite dans l'exécution et la réalisation de vols tenant parfois de l'exploit.

Il n'est pas exclu que le facteur de chance soit un élément prépondérant en apportant son opportunité, il fallait être disponible à ce moment là pour l'exploiter. Saisir la chance qui passe est parfois un exploit en lui-même, ne préjuge absolument pas des capacités de celui qui en bénéficie et ne retire rien à sa valeur propre.

Le rêve est permis, sans pour cela tomber dans l'utopie, tout en restant conscient de son niveau et de ses possibilités. Pour l'instant Jean-Claude est réaliste, son but immédiat est plus limité, il se résume à effectuer les épreuves requises pour l'obtention du certificat de performance D, c'est le premier de la liste qui soit accessible à sa compétence actuelle.

Le programme est bien établi et correspond à un niveau de pilotage et d'entraînement bien, défini.

Les cinq heures de vol consécutives ne sont pas encore à sa porté et difficilement réalisable dans un avenir immédiat. Il lui faut attendre un peu plus de maturité dans la maîtrise de son pilotage et de pouvoir chevaucher des planeurs plus fins et plus performants que ceux sur lesquels il est autorisé à voler actuellement, déjà, il lorgne sur le Nord 2000 qui stationne souvent à côté de son Nord 1300.

Cette épreuve demande un jugement sur et précis, un esprit de décision sans faille étayé par des conditions aérologiques franchement optimistes et favorables à la réalisation de ce type de performance. Cinq heures, c'est long, c'est éprouvant pour un jeune pilote et seule, la passion de ce sport pousse à tendre vers un dépassement de ses moyens avoués, alors que le résultat est à la hauteur des efforts et comble l'homme qui se mesure aux éléments naturels dans un combat loyal mais parfois déséquilibré.

Le voyage de plus de cinquante kilomètres en ligne droite, au-dessus de la nature, reste l'épreuve la plus facile à réaliser malgré les apparences, mais elle place le pilote devant lui-même. Il est seul à juger de ses possibilités à aller plus loin, alors que depuis déjà longtemps il se sait condamné à se poser ailleurs que sur son point de chute habituel, risquant à tout instant un atterrissage en campagne s'il ne réussit pas à rejoindre l'aérodrome de destination initialement prévu…

Le problème posé est nouveau, l'éloignement de la base de départ est la première difficulté à surmonter avant de s'élancer au-dessus de la campagne dans une navigation hasardeuse, repérant de loin en loin de successifs lieux où un atterrissage de fortune est réalisable sans risque. Il lui suffira de repousser la décision d'interrompre le vol jusqu'au moment où il survolera la piste choisie au départ comme destination de l'épreuve, tout en s'imposant une hauteur minimale de décision à respecter impérativement dans tous les cas afin de ne prendre aucun risque inutile et d'assurer une sécurité maximale de tous les instants.

Un atterrissage en campagne ne pose pas de problèmes majeurs et est une pratique courante du vol à voile. Seules les servitudes logistiques qui en découlent sont astreignantes. Dans la majorité des cas, l'avion ne peut pas assurer son office, il faut se résoudre à démonter la machine, qui est prévue pour cette éventualité, la stocker sur une remorque et la remonter dès le retour à la base de départ pour un nouvel envol. La procédure est longue et demande du personnel qualifié, à éviter autant que possible...

Dans cette dernière procédure, le choix du lieu de chute est important, si le secteur s'y prête, le remorqueur se posera à son tour dans le champ et repartira sans problème, accompagné du planeur accroché à son câble. Cette hypothèse favorable est très rarement réalisée, le terrain est souvent insuffisamment dégagé pour permettre l'accès de l'avion en toute sécurité.

La proximité d'une habitation est souhaitable afin de bénéficier d'un téléphone pour prévenir l'équipe dépannage. Quant à l'accès du véhicule et de la remorque, il est facilité lorsque le planeur a terminé sa course non loin d'une route ou d'un chemin carrossable.

Le pilote devant décider d'un atterrissage en campagne se trouve ainsi confronté à une succession de questions à se poser et de conditions à réaliser s'il ne veut pas éterniser la durée de son dépannage et le simplifier au maximum.

Reste la troisième épreuve requise, elle consiste en un gain de hauteur de 1000 mètres, délimité par le point le plus bas et celui le plus haut qu'aura enregistré le barographe lors d'un même vol. Cela semble très facile, il ne subsiste pas la hantise de risquer une « vache » (atterrissage en campagne), il suffit de rester bien sagement à bonne distance de la piste et de tournoyer dans l'ascendance afin de toujours pouvoir la rejoindre d'un seul coup d'aile si celle-ci abandonne son rôle d'ascenseur. Le plafond, délimité par la base des nuages, reste la seule condition à respecter pour trouver un écart de mille mètres entre la plus basse hauteur de sécurité que le planeur puisse utiliser et le cumulus bienveillant.

Dans l'attente de ces jours fastes où enfin son niveau lui permettra de se lancer à l'assaut de ce qui lui est encore du domaine de l'impossible actuellement et de le vaincre, Jean-Claude analyse sainement la situation présente.

Les performances de haut niveau ne lui sont pas encore accessibles et il s'entraîne régulièrement dans la ligne de conduite qu'il s'est tracée. Il précise point par point son pilotage de base et affine son jugement de la situation présente en perfectionnant l'exploitation d'une ascendance prometteuse. Dès celle-ci identifiée, il recherche la meilleure méthode à utiliser afin de s'y localiser et s'y implanter jusqu'à ce que toutes les ressources du cumulus soient utilisées.

Dans cette région de plaine, ces nuages matérialisant une ascendance thermique sont la seule manifestation bénéfique des effets aérologiques. Dans d'autres contrées, en montagne par exemple, l'utilisation de l'effet de pente est un réel moteur pour les pilotes qui savent reconnaître cette route à planeurs qui prend naissance dès que le vent se lève et que le soleil réchauffe les versants montagneux. Dans ces conditions de vol presque idéales, de longues durées sont aisément réalisables, même à basse hauteur…

Chaque performance de haut niveau a son tremplin favori situé en des lieux géographiquement différents. Pour les records d'altitude, il faut s'habiller chaudement, s'équiper en appareil respiratoire comprenant une bouteille d'oxygène avec son masque, avant d'entreprendre l'assaut du nuage lenticulaire qui matérialise, par sa forme particulière, la présence d'onde prometteuse qui portera le planeur à des altitudes telles qu'il risquera de rencontrer sur son chemin des avions de lignes à réaction stabilisés à leur niveau de croisière habituel.

Les ambitions de Jean-Claude sont plus modestes et plus limitées, il n'a pas les moyens financiers de s'offrir des stages spécifiques sur les lieux de prédilection de chaque tentative de record. Pour lui, un simple gain de hauteur de quelques centaines de mètres demande un travail acharné et une vigilance de tous les instants.

Quelle récompense que d'observer l'aiguille de l'altimètre afficher la graduation qui correspond au but fixé dès le décollage, dépassant même parfois cet objectif en continuant à grignoter encore quelques traits.

La moindre erreur de jugement risque de provoquer un effet de centrifugation et le planeur se trouve alors complètement éjecté de la « pompe » où il lui sera dorénavant difficile de se réintégrer sans trop de perte d'altitude.

Seule la pratique intensive du vol à voile, par toutes les conditions aérologiques possibles, est la base d'une progression sérieuse et profitable. Chaque envolée est le départ pour une nouvelle aventure et relève d'un sport passionnant demandant beaucoup de concentration au pilote qui veut obtenir des résultats probants et significatifs.

Avec la maîtrise de l'air viendra aussi l'ascension dans la hiérarchie des machines à utiliser. Bientôt Jean-Claude sera autorisé à s'installer à bord de planeur « pure race », aux formes fines et élancées, qui sont actuellement réservés à une élite de champions triés sur le volet dont il espère bien faire partie un jour prochain.

En admirant les évolutions gracieuses de ces merveilleux engins, véritables « formules 1 » de l'air, il se surprend à espérer secrètement de voler à bord rapidement. Il n'ose trop extérioriser son espoir tant celui-ci lui semble ambitieux et certainement prématuré, peut être même prétentieux…

Dans quelque temps il aura acquis l'envergure nécessaire et sera de taille à tenter les passionnantes, mais éprouvantes, épreuves de distance dont la réussite permet d'orner l'insigne de pilote de planeur de ces pointes de diamant tant convoitées.

Effectuer un voyage de plus de cinq cents kilomètres au-dessus de la nature afin de rejoindre un point de chute désigné à l'avance n'est pas une évidence même et n'est pas réalisable tous les jours. Il faut vraiment une concordance de conditions rarement réalisée pour mener à bien un tel vol.

Quant au circuit triangulaire de trois cents kilomètres minimum, dont là aussi les points de virage doivent être notifiés par avance, avec retour imposé au point de départ, il n'est pas plus aisé à réaliser et demande la présence d'autres éléments favorables dans l'évolution et la coïncidence particulière de certains d'entre-deux.

Une très bonne connaissance des conditions aérologiques et météorologiques ainsi que de leur évolution sur toute la zone concernée est indispensable. L'aide d'un prévisionniste des services de la Météorologie Nationale est précieuse et nécessaire dans ces circonstances. Une étude minutieuse de toutes les données utile est primordiale afin de mettre toutes les chances de succès de son côté avant de songer même à s'engager dans la procédure de départ pour un tel périple.

Jean-Claude sait aussi que des bureaux d'études spécialisés se sont penchés sur des esquisses et travaillent d'arrache-pied, en France, mais surtout en Allemagne, en vue de réaliser de véritables planeurs de compétition d'une nouvelle génération, construit en nouveaux matériaux, selon des techniques et des de technologies nouvelles, qui sillonneront le ciel d'Europe d'ici à quelques années…

Il sera prêt à les utiliser…

Après le planeur, l'avion.

Le JODEL rugit de tous ses chevaux mécaniques en s'élançant entre les balises, il roule quelques instants sur la piste en cahotant au gré des irrégularités du sol. Peu à peu il augmente sa vitesse et semble s'alléger, les roues quittent la bande gazonnée en avouant leur inutilité apparente.

Le chef pilote, impassible se tient, comme à son habitude lors d'un lâché, droit comme un I, les mains dans le dos, à quelques enjambées de la rangée de balises. Des yeux il accompagne l'avion qui vient de décoller et s'élance vers l'azur. Il éprouve un besoin d'être seul, là, en bordure de piste, comme si sa présence avait de l'importance maintenant qu'il est descendu de l'appareil et a laissé son élève partir seul, responsable de sa machine et de sa vie.

Aujourd'hui, ce n'est pas un lâché comme les autres.

A bord de son JODEL, Jean-Claude se sent aussi décontracté que sa position actuelle le lui permet. Un rapide coup d'œil à côté de lui confirme que la place occupée habituellement par l'instructeur est bien abandonnée par son occupant. Pour la première fois en avion, la ceinture de sécurité du siège voisin est bouclée dans le vide.

Malgré ses seize ans il a déjà derrière lui une certaine expérience du vol que tout débutant n'a pas la chance de posséder. Il n'est la proie d'aucune appréhension particulière alors qu'il attaque le premier virage après une montée régulière, seul aux commandes d'un avion.

C'est tout de même une belle journée, il se surprend à esquisser furtivement un large sourire.

Pour lui, aucun problème particulier ne s'est posé lorsqu'il s'est agi de voler sur avion, délaissant quelque peu le planeur pour un temps. Les instructeurs le connaissaient depuis pratiquement deux ans quand le moment est venu de s'attaquer au vol moteur.

Le chef pilote en personne a tenu à s'occuper lui-même de la formation, ou plutôt de la transformation, de Jean-Claude, dès son premier vol en double commandes officiel sur le JODEL.

Le brevet de pilote de planeur est un excellent tremplin dans la pratique des sports aériens. La suite logique semble être la préparation aux épreuves permettant d'accéder à la licence de pilote privé d'avion, la progression normale et idéale est respectée et suit un processus d'évolution conforme à l'escalade des différents paliers de difficultés.

Pour Jean-Claude, l'avion est à l'origine de sa vocation. C'est sur JODEL qu'il a quitté la terre ferme pour la première fois. Les différences mécaniques entre le planeur et l'avion ne lui sont pas totalement étrangères et n'ont plus de secret au niveau actuel de sa connaissance en la matière.

Un peu moins de quatre heures de vol en double commandes suffisent amplement et lui permettent de se familiariser à la conduite de l'envoûtante machine qu'il maîtrise parfaitement maintenant.

Ce lâché n'est que la consécration d'un acharnement sans mesure que seule la jeunesse active génère et que la patience a freiné en regard de sa date de naissance.

Une étape de plus vient d'être franchie dans cette voie qu'il s'est tracée depuis quelque temps déjà, un échelon de plus est escaladé et permet d'atteindre un palier s'ouvrant sur un éventail plus large quant à ses possibilités d'avenir.

C'est réellement une vocation prononcée qui est ancrée au plus profond de lui-même, son comportement journalier est caractérisé par son orientation passionnelle. Il ne jure que par les avions et planeurs, ne connaît que les joies procurées par ces machines volantes. Tout ce qui vole le touche et l'intéresse, ses seize ans lui laissent grande ouverte la porte du rêve et de l'espoir, sans en gommer les aspects négatifs et les difficultés que les illusions effacent facilement de leur voile utopique et irréel.

Jean-Claude reste lucide et conscient de ce qui lui reste à faire pour réussir totalement. Il sait très bien que la joie offerte par une passion quelle qu'elle soit réside surtout dans l'action pour tendre vers sa réalisation, dans la tentative de progression constante, dans l'effort soutenu et non pas pour le succès par lui-même qui n'est qu'une conclusion, donc une fin en soi et qui perd toute saveur dans l'instant qui suit la réussite du challenge.

Pour en arriver à un résultat concret dans la voie qu'il suit, il lui faudra s'affirmer pas à pas, convaincre et assurer une présence, une personnalité stable et déterminée doit sortir vainqueur de cette bataille continuelle pour la vie dans laquelle il s'est jeté corps et âme.

Il ne ressortira pas toujours gagnant des combats dans lesquels il s'engage. Le moindre échec devra être un stimulant afin de prendre un peu de recul pour repartir à l'assaut d'une nouvelle citadelle à conquérir qui jalonne sournoisement le chemin de son avenir.

Le match est quotidien et la bataille constante afin de maintenir le niveau suffisant pour permettre d'atteindre le but final d'une étape, en restant conscient qu'un succès n'est que partiel et ne doit en aucun cas être une finalité si l'on veut que la motivation persiste.

Lorsque le temps et les conditions météorologiques ne permettent pas de voler, il est agréable de converser avec Jean-Claude. Sa personnalité discrète d'adolescent et sa vocation profonde sont criants de sincérité, son avenir le préoccupe au plus haut point, son programme est vaste et ne néglige nullement la possibilité offerte par les chemins parallèles qu'utilisent beaucoup de pilotes d'aéro-club afin d'atteindre l'objectif visé.

La récente qualification d'instructeur adjoint de Francis Dubois l'autorise à affirmer que Jean-Claude est très doué pour le pilotage d'une machine volante, avec ou sans moteur. Sa grande timidité s'efface comme par enchantement dès qu'il enjambe l'aile du JODEL et qu'il s'installe aux commandes, il a trouvé dans le pilotage un formidable moyen d'expression afin de s'épanouir pleinement.

Peu à peu, au cours de l'instruction en vol, il confirme ses indéniables qualités et éveille toutes ses possibilités. Sa progression est à la mesure de ses ambitions. Il lui suffit d'escalader l'habitacle de l'avion et sa réserve naturelle est totalement oubliée, c'est un adolescent responsable, sur de lui qui s'installe à bord en faisant preuve d'une maîtrise totale de soi.

Son éternel besoin d'apprendre toujours un peu plus, de savoir, sans pour cela chercher à brûler les étapes et à esquiver les obstacles par des artifices, son besoin constant de comprendre les explications en cours avant d'aller plus loin, ses efforts à tenter de faire mieux à chaque leçon, rendent agréable la lourde tâche de l'instructeur qui n'a pas à chercher à percer le comportement de son élève afin d'adapter au plus près sa pédagogie pour que celle-ci soit bien assimilée.

Jean-Claude est un étudiant sincère et sans détour, pourtant tout n'est pas toujours rose pour lui et ne se déroule pas exactement comme il avait osé l'espérer. Comme chacun il traverse parfois des passages à vide et se sent obligé d'avouer son impuissance à contrer la mauvaise fortune, sans pour cela laisser s'installer le doute et le découragement qui sont de très mauvaises augures pour la suite des événements.

La patience est un allié précieux et lui permettra de surmonter et de franchir ces mauvais caps sans dommage pour repartir de plus belle dès que les choses seront devenues plus conformes à la normale.

Parfois sa timidité lui confère un comportement gauche et nonchalant dans ses réactions, ce n'est qu'apparence provoquée par une fatigue passagère, dans quelque temps il aura retrouvé son dynamisme coutumier que certains ne décèlent nullement dans sa démarche infantile.

L'aéro-club joue le jeu de l'association de passionnés et se doit d'ouvrir toutes grandes ses portes au recrutement des futurs élèves pilotes de tous les horizons possibles.

Une sélection naturelle s'opère au fil des vols et des leçons. Celles-ci ne sont pas toujours à la mesure des aspirations de chacun, il arrive parfois, rarement heureusement, qu'il soit pratiquement impossible d'obtenir le moindre résultat concret, le brevet restera du domaine du rêve inaccessible pour le postulant, cela est fort dommage pour tous.

Il est très difficile à un jeune instructeur comme Francis de s'avouer vaincu en constatant qu'il n'arrivera jamais à lâcher un élève. Il lui est pratiquement aussi difficile d'essayer de convaincre son élève de continuer son instruction qui ne progresse pas. La différence d'âge, lorsque l'élève est bien plus âgé que lui, dresse une barrière que les mentalités humaines autorisent difficilement à violer et à transgresser sans froisser des susceptibilités.

Une incapacité dans un domaine précis et bien directionnel comme le pilotage d'un avion, n'est pas une infériorité sur le plan humain intellectuel. Un manque de diplomatie et de doigté laisse parfois un léger goût amer de favoritisme inexistant et de partialité injustifiée.

Il se trouve des élèves qui progressent vite tout en étant moins motivé que l'un de leurs camarades qui en veut vraiment, n'y arrive pas et est amené par là même à ignorer volontairement sa stagnation sur le plan évolution et progression dans le pilotage.

Cela entraîne souvent à une surestimation de leur capacité propre et à reporter tout le poids de leur échec sur les épaules de l'instructeur qui ne les comprend pas... D'après eux, celui-ci devrait tout au moins accélérer les phases à problèmes afin de passer rapidement sur les points délicats et difficiles du pilotage de base... Brûler les étapes n'est pas une procédure qui favorise l'assimilation des notions de base, la recherche de la sécurité maximale et la prise de conscience des responsabilités que doit assumer, un jour, toute personne assurant seule la conduite d'un véhicule, qu'il soit terrestre, maritime ou aérien, avec ou sans passagers.

Certains élèves pilotes ne discernent pas la juste mesure et agrémentent leur comportement d'un soupçon de totale inconscience. D'après eux, les risques d'accidents n'ont plus droit de citer, ils sont totalement exclus de leur esprit sous le simple prétexte que l'aviation de tourisme ne présente aucun danger, ignorant qu'après une dizaine d'heure de vol en double commande, l'intervention du moniteur est toujours nécessaire lors de chaque décollage ou atterrissage… Seule une vigilance de ce dernier et ses actions discrètes sur les commandes évitent la catastrophe, ses commentaires sont parfaitement inutiles, si l'élève ne parvient pas à maîtriser la machine, c'est seulement parce que le moniteur lui coupe tous ses moyens par sa seule présence et ses interventions prématurées…, ah ! s'il n'était pas là…

Certains élèves vont même jusqu'à avouer que seul à bord ils se sentent parfaitement capable d'effectuer correctement un tour de piste sans le moindre problème…

L'instructeur que Francis est devenu depuis peu estime, quant à lui, qu'il et seul juge et que c'est à lui d'apprécier les aptitudes de chacun en fonction du travail fourni lors des précédents vols, dans le respect d'un minimum de critères relevant de la sécurité pour la machine et pour ses occupants.

Il est préférable de prêcher par excès en ce sens, cela pose parfois de sérieux cas de conscience. Il faut percevoir l'étroite limite qui autorise à dissuader ou à encourager un élève à poursuivre vers le but qu'il s'est fixé et qui semble parfois réellement inaccessible.

Le jugement ferme et définitif est difficile à émettre dans le cas, assez rare, des personnes instables. Ce sont souvent des élèves sérieux et attentionnés rencontrant beaucoup de problèmes afin d'assimiler les premières leçons qui sont la base même de toute progression logique. Celle-ci est fastidieuse et lente, les progrès ne sont pas significatifs d'une leçon à l'autre et l'obtention du brevet semble incertaine dans un avenir plus ou moins proche.

Parfois un déclic se produit, la persévérance encourage ainsi que les légers progrès qui se font jour et pointent leurs espérances. Un jour, le lâché intervient alors que l'instructeur lui-même ne s'y attendait plus. Le déblocage se manifeste et le pilotage s'affine et s'améliore sensiblement d'un vol à l'autre, tout en restant instable et nécessitant un vol de contrôle à chaque fois. Avant chaque leçon l'instructeur se trouve dans l'obligation de vérifier le niveau de pilotage du jour afin d'adapter au mieux les évolutions à venir.

Parfois même, après le brevet, une surveillance discrète doit assurer qu'aucune dégradation, due en grande partie à un sous entraînement passager, ne mette en danger la sécurité du vol projeté. Un tour de piste en compagnie d'un instructeur permet de vérifier que la norme est toujours respectée et n'engage personne. Il n'est absolument pas vexant de s'y soumettre et la limite des risques engendrés par des conditions marginales de vol est reculée.

Lorsqu'il ne vole pas, Jean-Claude est présent sur l'aérodrome et cherche à perfectionner ses connaissances au fil des discussions qui, au sein d'un aéro-club, tournent invariablement autour des avions et de leur environnement immédiat.

Beaucoup de pilotes sont intarissables, parfois excessifs même dans les commentaires de leur propre expérience. L'ignorance de quelques règles fondamentales sur la conduite des avions fait beau jeu à l'imagerie verbale. Chacun y va de sa petite anecdote personnelle où le temps écoulé depuis le vol de référence a quelque peu modifié les faits réels au détriment de la machine qui essuie toutes les imperfections de son pilote. L'interprétation parfois fantaisiste prête à sourire, mais, en faisant la part des choses, il y a toujours un enseignement plus ou moins évident à tirer de ces conversations à bâtons rompus d'où toutes préméditations et calculs sont exclus.

Le JODEL se pose docilement et, après une courte décélération dans l'axe de la piste, vient se garer là où il y a quelques instants était stationné un autre avion qui vient de prendre son envol pour un court voyage au-dessus de la campagne locale.

Le moteur ralenti et s'arrête, l'hélice s'immobilise. A l'intérieur de la cabine le jeune homme vérifie une dernière fois son tableau de bord avant de couper tous les contacts dans le silence retrouvé.

Jean-Claude déverrouille la verrière et émerge doucement de l'habitacle, un large sourire de satisfaction accueille les pilotes présents lorsque ceux-ci approchent de l'appareil pour lui présenter toutes les félicitations d'usage que la coutume autorise en de telles circonstances.

Ce n'est pas un véritable lâché dans le domaine de la troisième dimension, depuis plus d'un an maintenant il vole de ses propres ailes sur planeur. Il connaît déjà la joie enivrante de ces premiers contacts avec les éléments qui habituellement sont au-dessus de nos têtes. Il a appris à mesurer le plaisir engendré par ce flirt avec le ciel et tous ses paramètres essentiellement variables qui, déjà, lui ont dévoilé peu à peu quelques mystérieux secrets que seuls connaissent les initiés des choses de l'air qui n'ont plus le sol comme seul et unique milieu d'évolution et qui ont perçu le message transmis par le froufroutement de l'air sur le pare-brise.

Déjà il a ressenti cette impressionnante et merveilleuse sensation de liberté qui frise le vertige lorsque, seul dans la cabine de contre-plaqué et de plexiglas, les gestes deviennent instinctifs, par réflexes conditionnés. Là, par habitude le moindre mouvement suit un rite bien établi et tant de fois répété, quelles que soient les conditions dans lesquelles se trouve le pilote.

Seul le sifflement de l'air sur le fuselage du planeur l'emporte, l'esprit tourbillonnant, vers un autre monde pour un temps plus ou moins long, toujours trop court à son gré. Il oublie le sol, ses terribles habitudes et les servitudes de la civilisation moderne qu'il lui faudra tout de même rejoindre une fois dégrisé de l'ivresse, totalement défoulé par ce combat permanent avec l'ascendance où l'échelle des forces en présence est inégale.

Il est entré en aviation comme on entre en religion…

* * *

La suite logique des choses établies a ses exigences. Durant plusieurs soirées Jean-Claude se plonge sans réserve dans l'étude des livres de réglementation et de navigation à l'estime qui contiennent, pratiquement à eux seuls, tout le programme des connaissances requises pour se présenter devant un jury d'examen.

L'obtention de ce premier document constituant le dossier conduisant à l'attribution du brevet de pilote privé d'avion impose des acquis théoriques élargis et sollicite la matière grise d'une façon intensive.

Les sports aériens ne sont pas uniquement physiques, il faut prouver une certaine maîtrise des choses de l'air dans leur contexte théorique, technique et juridique.

Il y a quelques mois déjà, Jean-Claude avait ouvert une première fois une série de livres traitant de ces problèmes du vol. Cela lui avait permis de passer avec succès les épreuves du BESA (Brevet Elémentaire de Sports Aérien), étape indispensable dans la carrière d'un jeune débutant débordant de passion et de projets.

Ce diplôme, d'une relative facilité, est nécessaire afin de postuler et de bénéficier d'une, ou plusieurs, bourses accordées par les services officiels et dont l'attribution d'une première tranche lui a été fort utile pour débuter la réalisation de la phase vélivole de son programme aéronautique.

Il compte fermement sur cet encouragement financier, réservé à de jeunes pilotes méritants, afin d'accélérer sa progression qu'il veut rapide et efficace.

Les résultats escomptés doivent être le reflet de sa vocation et les réflexions de son jeune esprit n'autorisent pas le compromis. Le chemin de la réussite est seul envisageable, quel que soit le prix à payer en sacrifices de toutes sortes.

Les nouvelles matières à étudier sont complémentaire et rejoignent souvent celles apprises précédemment.

Son travail de préparation en est simplifié et lui permet de retrouver des éléments concordants, il lui semble parfois qu'un chapitre nouveau ne se révèle en fait qu'une simple révision de matière déjà apprise, sans que cela soit une évidence au départ de l'exposé à étudier.

L'interrogation orale devant la commission d'examen compétente, en l'occurrence le commissaire de l'Aéro-club de France, n'est qu'une simple formalité permettant à celui-ci de juger du niveau théorique du candidat. Ce n'est en aucun cas une épreuve insurmontable, seul le trac, inséparable compagnon d'un examen oral, fait ressentir ses effets et lui laisse la pénible impression de tout avoir oublié, son esprit semble totalement vidé de toute substance et de tout élément de réponse aux questions posées. Dès le jeu engagé, dès le dialogue établi, la confiance renaît en lui, la discussion commence et suit son cours sur un domaine exclusif, l'aviation.

C'est avec une appréciation très honorable que Jean-Claude se sort de cette première phase du brevet élémentaire de pilote privé d'avion.

L'engrenage de l'examen est en route par cette rencontre entre deux hommes de générations et d'expériences différentes. Il en ressortira la continuité avec, en amont, son cortège de souvenirs et, en aval ses espoirs dans l'avenir.

Le certificat attestant le succès à la première phase de cette patiente construction de l'édifice « examen » est valable deux ans ; cela laisse la possibilité d'étaler la préparation de la partie pratique que l'aspect financier de la progression impose souvent.

Jean-Claude est pressé d'en finir avec ce premier palier incontournable, ce n'est là qu'une étape intermédiaire et temporaire, la mention « élémentaire » ne doit pas s'éterniser sur sa future licence. Ses parents couvrent parfaitement les frais et les questions matérielles ne sont pas d'actualité pour lui et n'entre pas dans ses préoccupations actuelles.

C'est tout récemment confirmé instructeur adjoint que Francis Dubois l'accompagne sur un aérodrome voisin en vue d'y subir une seconde partie de l'examen. Le contrôle en vol des connaissances de base du pilotage sera effectué par le chef pilote de cet aéro-club ami dans un aimable esprit de réciprocité que la réglementation impose pratiquement.

Un rapide échange téléphonique confirme le rendez-vous, le moteur n'aura même pas le temps de refroidir. Les présentations sont hâtivement expédiées et Francis cède la place à l'instructeur local.

Sous l'œil en apparence indifférent de ce dernier, Jean-Claude procède à une minutieuse et consciencieuse « visite prévol », comme le prévoit la réglementation et le respect de la sécurité, afin de s'assurer du bon état physique de l'appareil avant son envol.

Dès le décollage de cet aérodrome inconnu de lui, Jean-Claude s'applique à maîtriser sa machine afin de prouver à son passager qu'il ne s'est pas déplacé pour rien. Ce voisin inhabituel l'impressionne beaucoup, il lui est très difficile de l'ignorer tout en pilotant son avion. Il sait que celui-ci est là, à ses côtés, uniquement pour noter son comportement à bord et ses connaissances pratiques de base dans la conduite d'un aéronef. Cette note sera l'un des éléments prépondérants venant étayer le dossier constitué pour l'attribution de brevet élémentaire de pilote privé d'avion.

Le jeune homme est aux ordres de son passager et il exécute, sans nervosité excessive, toutes les manœuvres que celui-ci lui demande. Le processus immuable du test en vol est engagé, à peine teinté par la touche personnelle propre à chaque instructeur.

Le programme, une coutume presque, s'inaugure par la traditionnelle panne moteur au décollage, simulée seulement… L'enchaînement se poursuit par une série de virages où toutes les possibilités de changement de direction sont passées en revue. Une mise en montée régulière ralenti le rythme quelques minutes et permet de souffler un peu avant d'atteindre une altitude de sécurité et d'engager le dialogue avec les procédures dites « de mise en garde ». Ce fameux décrochage qui fait souvent peur aux élèves et parfois même aux pilotes déjà brevetés, par ignorance du processus technique qui engendre cette momentanée perte de portance parfaitement maîtrisable.

Le manque de connaissances théoriques sur le comportement aérodynamique d'un objet évoluant dans les trois dimensions entraîne une peur irraisonnée des basses vitesses accompagnées du vol aux grands angles qui lui est souvent associé. Ces positions inhabituelles, volontaires ou non, procurent une désagréable sensation d'impuissance devant la perte de contrôle momentanée de la machine volante, brève période durant laquelle l'avion recherche de lui-même un nouvel équilibre en s'engageant dans la descente, comme un oiseau touché à mort en plein vol. Les réactions naturelles et instinctives de l'homme sont souvent contraires à ce que voudrait la logique technique. Les manœuvres de récupération sont alors mal dosées et l'avion réagit violemment. L'affolement du pilote devant cet état de fait semble parfaitement compréhensible si celui-ci avoue sa méconnaissance du fait et son impuissance à le maîtriser par manque d'expérience.

Le rôle de l'instructeur est primordial dans le défrichage de ces zones d'évolution interdites en vol normal. Tout élève pilote doit être affranchi de cette peur par un entraînement adapté à cette situation, l'incursion dans ce domaine de vol ne doit pas rester dans l'ombre de l'inconnu.

Une descente régulière suivie d'une prise de terrain avec le moteur plein réduit affine le jugement et resserre les appréciations de l'examinateur.

Après une remise des gaz, dès que les roues ont pris contact avec le sol, c'est un dernier tour de piste standard qui clôture ce court vol au cours duquel l'instructeur testeur a pu juger son jeune pilote, juger ses aptitudes à la poursuite de ses objectifs.

Il est très rare qu'un candidat soit éliminé au cours de cette épreuve intermédiaire. Un instructeur conscient de ses responsabilités ne le présentera pas à l'examen avant que celui-ci soit d'un niveau suffisant afin de subir le test avec succès.

Il lui faudra être certain d'avoir inculqué un pilotage sain et sans vice, apparent ou caché, il n'est nullement utile que le postulant soit un virtuose du manche à balai. Le but de l'école de pilotage en aéro-club n'est pas d'engendrer des vedettes, mais bien de former des pilotes responsables, capables d'utiliser les appareils de l'association sans le moindre risque.

La sécurité des personnes, pilotes et passagers, ainsi que le respect du matériel doivent être les seuls objectifs à poursuivre et à améliorer sans cesse par une surveillance sans relâche du comportement de tous les pilotes, c'est aussi l'une des tâches d'un instructeur.

Jean-Claude est radieux de l'heureuse conclusion de son épreuve. Il avait gardé secret l'espoir de revenir avec la précieuse signature en poche, son examen se précise et prend forme. Francis n'a jamais douté du résultat prévisible de ce déplacement qu'ils viennent d'effectuer. Les marches de l'escalier de la réussite sont gravies une à une sans aucune difficulté.

C'est en lui commentant son vol précèdent que son jeune ami s'applique à garder le cap du retour, tout en surveillant la vallée de la Seine qui serpente à quelques kilomètres plus au nord.

Bientôt ils auront rejoint leur base de départ et il ne restera plus à Jean-Claude que deux épreuves de vérité à réaliser pour conclure. Seulement, cette fois ci, dans les deux cas, il ne sera pas gêné par la présence d'un tiers puisque ces vols s'effectueront en solo et seront seulement contrôlés par la présence d'un barographe qui sera chargé d'enregistrer toutes les variations de hauteur, exactement comme pour le brevet de pilote de planeur.

Un peu de patience est nécessaire afin d'attendre le jour favorable où toutes les conditions aérologiques, sans vent excessif ni turbulences, permettront d'évoluer en toute quiétude avec tous les atouts dans le jeu du jeune homme.

Il est préférable que le ciel soit clément, presque complice, afin de ne pas troubler le bon déroulement des épreuves finales qui demandent beaucoup de précision dans leur réalisation. Il ne faut pas se montrer trop exigeant, c'est peut être demander beaucoup à ce grand seigneur qu'est le ciel. L'attente risque de se prolonger si l'on veut trop abuser de sa bonté qu'il ne diffuse qu'avec parcimonie.

Eole compatit et accorde une trêve permettant de tenter la première épreuve de maniabilité, seul à bord, avec comme seul témoin de l'exercice l'indispensable enregistrement du barographe installé à ses côtés, que la plume encrée reliée aux capsules barométriques aura tracée sur le papier quadrillé.

C'est par les cinq virages alternés de 360 degrés formant des « huits » suspendu horizontalement dans l'azur, entre deux tranches de hauteur (150 et 200 mètres), que Jean-Claude inaugure cette dernière série d'épreuves, bien résolu à conclure aujourd'hui même alors que les conditions météorologiques sont pratiquement idéales pour cette circonstance.

Après un réglage minutieux de ses instruments, il décolle et adopte une montée régulière qu'il abandonne dès que l'aiguille de son altimètre lui avoue 600 pieds (environ 200 mètres) de hauteur.

Les cadrans gradués en mesure anglaise sont nettement plus précis que ceux gradués en mètres, leur lecture est plus aisée, ce qui explique le choix des fabricants d'avions, des dirigeants de beaucoup d'aéro-clubs et pilotes en faveur de ce type d'altimètre, ou plutôt d'altipieds...

Le premier repère matérialisant un point de virage est atteint, prudemment le jeune homme amorce son changement de direction qui l'amènera à la verticale du hangar, deuxième point de centre des "huits", d'où il repartira vers le petit bosquet distant d'un bon kilomètre. Il devra couvrir inlassablement cinq fois ce circuit en respectant un cadre d'évolution et une hauteur les plus précis possibles.

Attentivement Jean-Claude surveille l'horizon qui défile devant le capot de son JODEL. Systématiquement les mêmes paysages se retrouvent aux mêmes endroits, à la même position sur le pare-brise, prouvant ainsi le bon déroulement du vol. Un furtif coup d'œil à ses instruments, par acquis de conscience, le rassure, l'aiguille de l'altimètre stationne toujours entre les deux traits limites définis avant le départ, tout va bien.

La chanson régulière du moteur lui donne aussi de précieuses indications sur ses évolutions. Dès que l'appareil sort de sa ligne de vol idéale et quitte le plan horizontal, le régime change en fonction de la position de son capot, comme celui d'une voiture qui escalade une forte montée ou dégringole un raidillon en conservant la même position de l'accélérateur. Une oreille exercée perçoit aisément chaque palpitation de son avion avec qui le pilote fait corps.

Pour compliquer l'exercice, le pilote, n'ayant pas de radio à bord, ne peut bénéficier de l'aide de ceux qui l'observent du sol, il doit compter lui-même les passages au-dessus de ses points de repères. Dans le doute il est préférable d'effectuer une rotation de plus avec le risque de sortir des normes de respect de l'altitude par allongement du temps de vol, que de réaliser un vol trop court qui pourra ne pas être pris en compte.

Afin de simplifier le problème et de décharger le candidat de cette source de distraction, un système infaillible mis au point par un aéro-club voisin est appliqué.

Le pilote, à chaque passage, se doit de jeter un rapide coup d'œil sur le parking, devant le hangar, où les spectateurs comptabilisent les évolutions. Dès que le compte est bon, un grand parasol, jaune en la circonstance, est déployé et agité à bout de bras. C'est le signal, le pilote sait alors en toute confiance qu'il peut cesser l'exercice et rejoindre le circuit de piste qui le ramènera au sol.

Impassiblement le barographe, emprisonné par la ceinture de la place laissée vide du passager, enregistre toutes les variations, même minimes, de la hauteur, insensible à la personnalité sympathique de l'homme qui transpire aux commandes à ses côtés afin que la ligne soit le plus rectiligne possible.

Jean-Claude ne cesse de songer à cette boîte en bois vernis dont la face vitrée permettrait d'observer le tracé qui s'effectue. Il est obligé de se maîtriser afin de ne pas céder à l'appel des sirènes que rythme le tic tac du mouvement d'horloge qui égrène son inlassable et régulière chanson de pendule bien réglée. La position même du mouchard ne permet pas de s'instruire par un simple regard, le risque de perte d'attention de quelques instants est trop grand pour se permettre ce faux pas dangereux. La moindre distraction, le moindre regard qui quitte l'horizon est trop lourd de conséquences, les références visuelles ignorées une seconde et l'avion s'échappe de sa trajectoire idéale et entraîne le tracé hors du cadre admissible.

Le cercle jaune se dessine et agite son disque sur le noir du bitume. C'est terminé, le contrat est rempli, il ne reste plus qu'à rejoindre la piste par la réglementaire trajectoire, la plus courte, mais la plus régulière possible afin de confirmer la maîtrise et la précision de son pilotage.

L'hélice est à peine arrêtée que le comité de réception se précipite vers l'appareil. Le commissaire de l'Aéro-club de France, garant du respect de la réglementation lors des épreuves, se présente en premier et s'empare de la boîte de vérité comme d'un objet précieux et rare.

Les scellés brisés, l'enregistrement peut enfin libérer le pilote de son angoisse en livrant son secret. Le verdict graphique s'étale dans toute la froideur rigoureuse de la trace mauve laissée par la plume. La feuille graduée est épluchée minutieusement, la longueur du trait est mesuré afin de confirmer le temps de vol, donc de confirmer que les cinq évolutions ont bien été réalisées.

La ligne d'encre s'étire en une suite de petite sinusoïde de faibles amplitudes que seul un oeil exercé peut aisément interpréter. Les variations d'altitude, de quelques mètres seulement sont comprises dans l'ordre normal des choses, la marge réglementaire est respectée sans aucune ambiguïté.

L'anxiété de Jean-Claude se prolonge malgré une première impression toute personnelle plutôt favorable à la vue du papier.

La conclusion du juge unique ne devrait plus tarder. Le commissaire date et appose sa signature au bas du feuillet et le range dans le dossier, l'épreuve est valable…

Sans précipitation le barographe est remis en état de fonctionner. Une nouvelle feuille est accrochée sur le tambour et verrouillée par la barrette métallique, le mécanisme est remontée en quelques tours de clé, le boîtier est refermé et les crochets sont assurés dans leurs logements. L'appareil est de nouveau en état de remplir son important rôle de juge, muet et incorruptible. Il ne reste plus au jeune pilote qu'à s'installer à bord une fois encore pour réaliser l'ultime épreuve de ce premier brevet.

La montée régulière ne pose pas de problème particulier ni insurmontable pour un pilote moyen formé en aéro-club. Bientôt le JODEL se trouve juste à la verticale des installations, au-dessus de la piste, à 700 mètres de hauteur, 600 mètres sont suffisants pour que cette épreuve soit valable, bien des instructeurs exigent un supplément de 100 mètres afin de pallier à toute erreur instrumentale, le barographe n'est pas toujours le reflet exact de l'altimètre, l'étalonnage n'est pas absolument garanti au mètre près.

C'est le moment de la décision, Jean-Claude évalue rapidement la situation présente et réduit le moteur bien à fond. Un silence relatif s'établit et envahit la cabine. L'hélice continue malgré tout sa rotation en étalant son disque transparent devant le fuselage, ainsi une sécurité maximale est assurée. Il suffit d'un simple geste sur la manette des gaz et l'avion repart vers le ciel, le prix en est alors un échec à l'épreuve avec la possibilité de repartir à nouveau avec une feuille vierge dans l'enregistreur afin de se lancer à l'assaut d'une seconde tentative.

La descente est entamée dans de bonnes conditions. Le jeune pilote observe alternativement la piste où il doit se poser sans avoir recours au moteur, en vol plané et ses instruments. La matérialisation visuelle de la trajectoire est le seul élément important de son pilotage, un furtif regard sur l'anémomètre lui confirme une tenue de vitesse stable, donc une descente correcte. Un dernier virage et l'avion se trouve bien dans l'axe de la piste, à bonne hauteur pour un atterrissage de précision qui doit, en principe clore cet exercice délicat.

La phase finale est engagée et les roues prennent contact avec le sol à quelques mètres du commissaire qui, debout entre les balises, matérialise par sa présence le point d'impact défini avant le décollage. Pour cette épreuve, Jean-Claude bénéficie de son expérience de pilotage de planeur, tout en se méfiant de la différence évidente de l'angle de plané entre les deux types de machines.

La journée est fertiles en événements et se termine par la réussite complète à l'examen. Le jeune homme peut être satisfait de sa prestation à bord du JODEL. Un entraînement sérieux et consciencieux a permis de réussir à chacune des épreuves en un seul et unique vol à chaque fois, sans la moindre inquiétude pour ses instructeurs.

Il ne reste plus aux responsables de l'aéro-club que de reconstituer le puzzle et regrouper tous les éléments constitutifs de la demande d'attribution de brevet élémentaire de pilote privé d'avion.

* * *

Jean-Claude est encore à plus de d'un mois de dix-septième anniversaire lorsque le secrétaire de l'association clos la phase administrative et cachette l'enveloppe avant de la faire parvenir à l'Aéro-club de France, seul service officiel actuellement autorisé à attribuer les diplômes concernés, sachant par avance que le brevet et la licence sanctionnant les efforts du jeune homme ne lui seront attribués que le jour de ses dix-sept ans.

Jean-Claude n'est pas trop déçu ni totalement surpris par cette décision qui n'est que la stricte application de la réglementation en vigueur dans toute la froideur et la dépersonnalisation de ses textes.

Oui, il est jeune, il le sait, c'est actuellement ce handicap qui lui créé le plus de soucis. Ce mal est facilement guérissable, la patience en est le seul remède infaillible, le temps qui passe s'écoule en sa faveur et comblera rapidement le vide passager que lui confère son jeune âge.

Son examen est parfaitement valable, son homologation officielle ne pourra être effective que le jour où il aura soufflé les dix-sept bougies de son gâteau d'anniversaire. Dans quelques semaines il pourra enfin jouir des privilèges que lui offre un simple morceau de papier frappé au sceau de l'administration.

Cela n'entrave nullement la poursuite de son entraînement hebdomadaire avec maintenant un autre but, l'objectif se déplace au fur et à mesure de sa progression, un nouveau volet s'ouvre devant lui et relance sa motivation que le but précédent atteint peut avoir voilée légèrement par l'érosion momentanée de sa foi. Cela s'use aussi avec le temps, les événements et la répétition des choses. Cela se cultive aussi et s'entretient si l'on n'autorise pas à l'autosatisfaction de s'imposer dans l'esprit d'un vainqueur. Un but atteint ne doit être qu'une escale technique vers un autre qui semble pratiquement inaccessible à l'instant tellement il paraît lointain tout en se dessinant plus précisément.

Une dérogation exceptionnelle lui est accordée sur simple demande des dirigeants de l'aéro-club. Il est autorisé à poursuivre sa progression normale qui l'amènera dans un avenir proche à se présenter aux épreuves du brevet de pilote privé d'avion. Il pourra subir les tests avant son dix-septième anniversaire sans pour cela avoir reçu officiellement sa licence élémentaire qui sera gardée sous le coude par l'administration.

Le chef pilote est désigné comme seul compétent afin de prendre la décision. C'est à lui, et à lui seul, de juger et de décider de la suite à donner en fonction du travail fourni et du niveau atteint par son jeune élève.

Cette situation est peu fréquente, il est rare qu'un élève pilote en cours de formation soit astreint d'attendre l'âge minimum requis afin d'être breveté « élémentaire », il est encore plus rare que celui-ci soit contraint d'attendre la même limite d'âge pour obtenir sa licence d'où le mot élémentaire a disparu. Le cas de Jean-Claude est le premier du genre que rencontre Francis depuis qu'il pratique ce sport et qu'il participe à l'instruction.

Jean-Claude n'en tire aucune vanité apparente, à ses yeux cet exploit n'en est pas un et il est un peu dépassé par la publicité excessive faite sur son cas. C'est bien involontairement qu'il se trouve dans cette situation de fait qu'il n'a pas cherché à créer.

Il vole, il suit la formation normale et habituelle que suit tout élève pilote lambda qui s'inscrit dans un aéro-club. Il a seulement pris le départ de bonne heure, peut être un peu trop tôt aux yeux de certains, il a chaussé des bottes de sept lieues et progresse vite, trop vite si l'on se réfère aux normes habituelles qui servent pour l'étalonnage des choses établies.

Son rêve d'enfant prend forme et se concrétise d'une façon beaucoup plus rapide qu'il n'avait osé l'espérer, il atteint le point délicat où il n'est plus un enfant qui rêvait et où il n'est pas encore un adulte responsable qu'il souhaiterait déjà être.

Parfois il se pose des questions, il ne comprend pas, l'évolution rapide des choses le dépasse et il n'a pas l'impression de maîtriser cette situation. Il se sent la proie à un vertige inexplicable et incontrôlable que quelques mots peuvent définir, il est coupable d'être trop jeune pour se trouver au niveau technique qui est le sien actuellement.

Son handicap ne compromet en rien son avenir comme cela est parfois le cas pour certains que la nature a défavorisés injustement. Des normes physiques existent dans toute la rigueur de leur énoncé, trop petit, trop grand... La notation de quelques paramètres naturels permet à l'homme de texte d'accomplir la sélection, avec la ferme impression d'être juste, d'avoir oeuvré utilement en toute bonne conscience que procure le devoir accompli, sans se soucier aucunement des motivations profondes et sincères ni de l'aspect humain de la chose.

Les caprices d'une nature aveugle, souvent injuste, servent de référence irréfutable à une réglementation que des hommes ont établie afin d'avoir un catalogue de critères sélectifs d'où l'aspect passionnel est totalement exclu.

Lui, il est trop jeune, il ne lui reste donc qu'à patienter quelques mois et tout rentrera dans l'ordre normal des choses, le cadre réglementaire sera réintégré et respecté, chacun sera soulagé par cette normalisation de la situation.

Tous les membres de l'aéro-club, pilotes ou non, se sentent concernés, ils sont très fiers de leur jeune protégé et de son incontestable réussite, comme ci celle-ci les éclaboussait par son rayonnement. C'est la première fois que l'un des leurs se trouve prisonnier de cette situation tout à fait exceptionnelle.

Depuis que Francis participe activement à la vie de cette association, plusieurs élèves ont été lâchés en solo dans leur dix-septième année. Aucun n'a conclu avant ce fatidique anniversaire. Dans la majorité des cas ceux-ci se trouvaient être des fils de pilotes déjà brevetés qui prolongeaient, ou essayaient de prolonger, leur activité de loisir en tentant d'inculquer leur passion à leur progéniture.

Les chances de succès d'une telle projection ne sont pas toujours à la hauteur des espoirs et ne sont surtout pas garanties. Ce n'est pas le cas de Jean-Claude qui arrive ici par détermination toute personnelle, sans aucun encouragement parental particulier. Sa progression rapide étonne et surprend favorablement, rattrapant et dépassant même le calendrier établi par l'administration qui gère ces textes.

Les services officiels de tutelle sont conscients que la clé du développement des sports aériens, comme toute autre activité de loisir, réside en premier lieu dans l'information, le recrutement des jeunes et l'entretien de leur persévérance.

L'attribution de dérogation exceptionnelle permettant de créer cette situation ne pose aucun problème si ce n'est que la suspension provisoire des privilèges afférents aux divers brevets et licences passés avant la date requise. Ceux-ci seront rétablis d'office le jour même de son anniversaire.

Toute publicité et alléchante et attrayante, beaucoup de jeunes sont encouragés à débuter leurs premiers pas dans « l'aviation » dès l'âge scolaire. Ces premiers contacts concrets avec la troisième dimension sont souvent matérialisés par la pratique de l'aéromodélisme. De ce travail minutieux et passionnant d'assemblage des fragiles baguettes de balsa ou de peuplier, naissent des vocations soudaines jusqu'alors insoupçonnées.

La suite logique des choses commence par l'accessible. L'enfant se doit de se cantonner dans un domaine à sa portée, il ne doit pas tenter l'impossible en brûlant les étapes, l'avion, à son échelle, reste le modèle réduit. Quelques heures de patience porteront leurs fruits en jaugeant la profondeur de la vocation qui s'ébauche et suffiront à élaborer une maquette volante construite avec cœur et application.

La réussite n'est pas toujours au rendez-vous et ne conclu pas toujours favorablement ce premier contact avec les choses de l'air. Un essai malheureux se doit d'être un stimulant pour le fanatique qui forge ses premières armes, un étalon afin de mesurer l'ampleur du travail réel à fournie et non pas une barrière insurmontable pour l'indécis que la moindre épreuve difficile décourage.

La sélection naturelle s'opère devant l'épave dispersée du premier modèle construit. Une alternative se pose alors, achever la destruction complète par un accès de colère et de découragement, ou tout simplement entamer sans tarder la reconstruction afin de réaliser une nouvelle tentative dans les plus brefs délais avec le ferme espoir que sa conclusion sera plus probante et plus encourageante que la précédente.

Dans cette importante pépinière aéronautique, peut être même plus que dans toute autre activité de loisir, un élément sélectif non négligeable se fait jour au fur et mesure de la progression. Le sécateur financier taille allègrement des coupes sombres dans les rangs des « mordus » en herbe qui n'arrivent pas à résoudre cet important élément du problème.

Des bourses d'études pour l'entraînement des jeunes pilotes sont accordées par l'Etat aux jeunes de moins de 21 ans (limites portées depuis à 25 ans). Elles deviennent, au cours des années, une véritable peau de chagrin, leur impact réel est une misère comparé à l'augmentation des charges que le contexte administratif et réglementaire de l'environnement aéronautique impose.

Le budget nécessaire à la réalisation de bien des projets devient difficile à établir et à isoler concrètement. Une aide totale et démesurée est à proscrire, elle risque de masquer, dès le départ, à la vue de certains, l'effort personnel et la dimension de l'engagement à investir pour atteindre le but choisi. Laissant parfois même planer une importante impression de facilité apparente et souvent trompeuse de l'impact financier de l'opération dans sa nécessaire continuité.

Un nombre restreint de bourses est accordé dans la carrière d'un jeune élève, sept au maximum, distribuées avec parcimonie avant la date limite du vingt et unième anniversaire. Pour beaucoup ce petit ballon d'oxygène est suffisant afin de couvrir les charges croissantes qui accompagnent l'avance dans la vie active. Un sérieux coup de collier est nécessaire afin d'avoir un maximum d'atouts dans son jeu lorsque l'autonomie de la majorité apportera son lot de soucis et de problèmes financiers.

Le départ dans la vie demande un investissement important, souvent, une famille se crée avec son cortège de bonnes et de mauvaises choses. Les loisirs onéreux et personnels sont relégués au second plan en passant dans le registre des souvenirs de jeunesse, comme bien d'autres occupations annexes. Certains, mieux desservis par la chance arrivent à ce stade avec en poche un niveau pratiquement professionnel qui les installe dans leur passion à plein temps.

Les restrictions budgétaires imposées par la création d'une famille et le contexte général ne sont pas encourageants, la foi s'use. Les éternels tours de piste en vol local afin de garder la main en attendant des jours meilleurs qui ne viennent pas, font que la vocation initiale est noyée par l'habitude et la répétition des choses. L'érosion du temps qui passe fait son oeuvre destructrice et éloigne l'ancien passionné hors du champ d'attraction de l'aérodrome où il reviendra de temps à autre, comme un simple spectateur qu'il est devenu, empreint de nostalgie.

La démotivation est facile et prend corps peu à peu devant l'aveu évident du manque de moyens financiers qui seuls permettraient de s'exprimer pleinement dans cette ambiance passionnante des gens de l'air. Le privilège du compte en banque bien garni est évident, même si son propriétaire n'est pas totalement conscient du bien fondé des avantages certains que lui octroie le fait d'honorer sa signature sans le moindre risque.

Jean-Claude ne se sent pas encore concerné par ces problèmes réels et inévitables. Il oeuvre actuellement afin d'éviter le piège qu'il pressent et perçoit en observant habilement le comportement des membres de l'aéro-club qui gravitent autour de lui. Il a remarqué que l'ivresse offerte par un simple tour de piste ne peut masquer le plaisir beaucoup plus évident d'un voyage aérien que seuls les plus fortunés peuvent se permettre d'entreprendre.

Dans ses projets les plus proches il envisage fermement de faire partie de cette minorité active et favorisée qui vit l'objet de sa passion.

Sa vocation précoce lui révèle ses mirages, mais aussi ses obstacles. Il sait qu'il a encore beaucoup de chemin à parcourir, beaucoup d'obstacles à franchir avant d'atteindre son but. Dès le départ il tente d'orienter son destin vers la direction qu'il a librement choisie, l'avenir tout entier lui appartient.

* * *

Il est revenu le temps où, de nouveau Jean-Claude doit ouvrir les livres de cours sur des pages nouvelles. Des matières s'additionnent à celle déjà étudiées précédemment, la difficulté croît, le niveau s'élève sensiblement. Beaucoup d'éléments à connaître ne sont plus du domaine de la simple révision, là, il faut apprendre. La navigation aérienne pose quelques problèmes d'algèbre élémentaire totalement inconnus de lui.

Les instructeurs s'efforcent de lui expliquer le plus simplement possible, sans entrer dans la décomposition des formules rébarbatives, mais en soulignant bien l'extrême importance de la règle des signes plus et moins qui intervient d'une façon implacable dans la résolution du triangle des vitesses. Une inversion est rapidement faite et peut avoir des conséquences graves en cours du déroulement du vol projeté en modifiant l'orientation de la trajectoire à suivre afin de relier le point de départ à celui de l'arrivée prévue. La recherche du chemin le plus court doit être précise tout en étant compatible avec le respect de la sécurité et de la réglementation en vigueur dans le secteur survolé.

Il y a aussi la météorologie, avec toute la complexité de ses mécanismes soumis à la moindre variation de l'un de ses nombreux paramètres influents.

Avec la mécanique du vol qui aligne ses vecteurs et leur décomposition en forces immatérielles, les problèmes mathématiques font de nouveau surface et tendent leur piège de la méconnaissance de leurs bases.

Plus facile est la rubrique « technologie et connaissance du matériel volant », là les appareils qui meublent le hangar sont physiquement présents, avec leurs équipements propres et diversifiés qui permettent de palper d'une façon beaucoup plus concrète les composants d'un avion.

Jean Claude se plonge totalement dans l'étude de ces matières complémentaires et nouvelles, il n'est pas avare de questions à ses instructeurs et à d'anciens pilotes qui ne rechignent nullement à lui apporter leur concours et leur savoir avec souvent, force précisions parfois superflues. Il tient fermement à réussir la gageure et à obtenir son brevet avant son anniversaire, le décompte parle maintenant de semaines.

Le jeune instructeur que Francis est alors participe activement à la phase finale de la formation de pilote de Jean-Claude. Ensemble ils préparent minutieusement et effectuent réellement plusieurs vols d'entraînement au-dessus de la région qu'ils commencent à connaître avec précision. Le but essentiel de ces exercices est de repérer et d'identifier avec certitude des petits villages caractéristiques qui jalonnent leurs courts voyages.

Jean-Claude a parfaitement assimilé la physionomie du secteur proche, il n'éprouve plus aucune difficulté à reconnaître les repères situés à proximité de l'aérodrome, cela fausse un peu la valeur éducative des exercices, Francis Dubois se voit contraint d'élargir le rayon des recherches afin de créer de nouveaux problèmes que son jeune élève aura à résoudre.

Il n'est pas aisé, au début de naviguer à l'estime et de noter en même temps tous les éléments constitutifs du voyage aérien afin de les comparer à ceux précédemment calculés, bien sagement assis devant une table stable de la salle de cours.

Qu'il est difficile en vol de s'emparer du crayon, il n'est jamais là où l'on croit qu'il se trouve, de coucher quelques chiffres dans le journal de navigation, ou de confirmer certaines annotations déjà inscrites. Le JODEL en profite lâchement pour s'échapper de sa ligne de vol prévue et de s'éclipser, tantôt à droite, tantôt à gauche, au gré de sa fantaisie du moment ou de l'inadvertance du pilote occupé à d'autres tâches plus prenantes les unes que les autres.

L'instructeur n'est nullement surpris par ce comportement, lui-même a connu ces problèmes de dispersion d'attention lors de sa formation initiale. Ses propres souvenirs l'incitent à l'indulgence envers l'élève qui se débat au beau milieu de ses préoccupations du moment. Là réside le premier défaut à combattre lors des vols sur la nature, loin des repères habituels du tour de piste. Pratiquement à chaque fois le moniteur se retrouve, à certains moments, dans l'obligation d'intervenir afin de récupérer la trajectoire de l'appareil et de le remettre sur le bon cap, dans le bon chemin qui l'amènera, en principe, vers le lieu de destination initialement prévue. Sa présence à bord, indispensable au début, permet à l'élève de s'accoutumer à la navigation tout en étant prêt à écouter les conseils afin de parer à toute éventualité.

Quelques vols suffisent pour que le pilote en herbe acquière assez de maîtrise afin de vaincre ce défaut passager. Lorsque l'instructeur jugera en toute conscience qu'il n'est plus indispensable à bord, il autorisera le pilote à s'élancer seul à l'assaut des voyages afin d'obtenir son brevet de pilote privé à part entière.

Ces vols en double commande consistent souvent en une simple répétition des futures navigations à effectuer en solo. C'est pratiquement un vol de reconnaissance qui conclu l'école par la visite des aérodromes que l'élève aura à retrouver le jour où il effectuera, seul, ces vols significatifs qui compteront comme épreuve ultime et concluront la formation. Ainsi il sera familiarisé avec chacun d'entre eux et les procédures propres associées qui sont la touche personnalisée de chaque terrain d'aviation dans son contexte géographique et réglementaire.

C'est presque une tradition, le circuit envisagé ne varie guère d'année en année et c'est le même parcours que celui que Francis a couvert, il y a quelque temps et que déjà bien d'autres ont sillonné depuis lors dans un but identique en vue de finaliser l'instruction de pilote.

Le grand jour est enfin venu et Jean-Claude, après quelques minutes de vol, se retrouve dans l'obligation de faire un peu de rangement dans son esprit afin d'être totalement disponible pour effectuer ce voyage déterminant et tant attendu dans les meilleures conditions possibles.

Il se sent la proie des mêmes impressions à la fois désagréables et envoûtantes qui donnent le vertige et vous serrent les tripes, que chacun a ressenti le jour de sa première navigation seul à bord, comme ci cette aventure était démesurée et dépassait tout entendement.

Le simple fait de ne plus avoir à ses côtés le passager-moniteur déclenche ce processus de fouillis indescriptible qui envahit la réflexion, perturbant un moment le bon déroulement et l'ordonnancement logique des idées lors de cette étape, frisant parfois la panique sans atteindre cette extrémité fort heureusement.

C'est peut être çà la peur…, la peur de ne pas être à la hauteur de la mission fixée et des espoirs des autres qui ont entièrement confiance en cet élève puisqu'ils lui ont permis de s'évader sans leur présence à bord en toute quiétude apparente.

Le paysage déroule son film verdoyant suivant le scénario prévu à l'avance. Les points de repères à identifier s'alignent ponctuellement et balisent le cheminement. Peu à peu l'assurance renaît et Jean-Claude s'installe pleinement dans son voyage, il a un peu honte de son trouble du départ, il est seul et il ne le racontera à personne…

La fébrilité le reprend tout de même alors que la montre lui avoue les dernières minutes de vol (théoriquement) avant de rallier cette première escale. Cette étape initiale lèvera totalement le doute pouvant encore subsister quant à son aptitude à entreprendre des périples plus ou moins longs, loin de sa base de départ.

La manche à air aperçue dans le lointain, à une centaine de mètres de la rangée de hangars de l'ancienne base militaire maintenant désaffectée, est affirmative, c'est bien le champ d'aviation escompté. La piste est là, lui tendant amicalement ses deux rangées de balises bien parallèles et l'invitant à une halte bien méritée et bénéfique.

Le premier côté du triangle est réalisé sans aucun problème et le conforte dans ses espérances. Une minutieuse et très sérieuse préparation de tous les éléments de vol lui permettent de ne pas se trouver dans un contexte inconnu.

L'imprévisible est envisagé afin d'occulter totalement toute surprise désagréable de dernier moment, source de déstabilisation et d'affolement parfois incontrôlable qui risque d'entraîner une perte momentanée des moyens de réplique qu'il faut alors négocier sans tarder.

Seule la fatigue accumulée au cours des heures précédemment passées sous pression rend la fin du voyage éprouvante et assez pénible. Les aiguilles de la montre ne tournent pas très vite et le sol ne défile pas assez rapidement sous les ailes de l'avion. Enfin, à l'horizon, sur le plateau boisé où se niche l'aérodrome de départ, se dessine une piste bien connue et attendue avec impatience.

Les trois cents kilomètres en circuit fermé que comporte cette épreuve sont couverts sans aucune difficulté majeure et la nuit n'est pas bien loin derrière lui lorsque les roues du JODEL s'immobilisent devant les portes du hangar grandes ouvertes pour accueillir le voyageur attardé.

Le pari est gagné, Jean-Claude n'a pas encore dix-sept ans et tous les éléments nécessaires à l'attribution de son brevet de pilote sont enfin réunis.

Pour un temps il devient le plus jeune pilote brevetable et bientôt breveté dans les limites de l'hexagone. C'est un titre symbolique et bien éphémère que celui de « plus jeune pilote de France », Le hasard des anniversaires viendra bientôt le lui ravir sans même qu'il le sache…

* * *

La réglementation est ce qu'elle est et a ses raisons d'être, parfois, pour le passage d'un simple examen de licence de pilote privé d'avion, ne fût-elle qu'élémentaire, sans grande importance pratique malgré l'incontestable impact psychique de ce palier où l'élève recharge les batteries de sa motivation, il est très difficile de réunir simultanément tous les éléments qui devraient constituer une commission d'examens sur les lieux même où vit un petit aéro-club. Dans la pratique les responsables se font mutuellement confiance et les différentes phases sont parfois réalisées en la seule présence de l'un ou de l'autre des examinateurs concernés, rarement les deux.

Francis se souvient, à ce sujet, d'une anecdote presque amusante mais très instructive vécue par l'instructeur qu'il est devenu et qui s'est déroulée dans la seconde moitié de la décennie soixante.

Au départ, un intéressant voyage où, après une escale à Rodez, il devait rallier Cannes en fin de matinée.

En ce samedi matin la brume qui accompagne l'aube se lève et cède la place à une couche nuageuse peu conséquente mais qui obstrue le ciel au-dessus de la Sologne, à quelques mètres des arbres, ne laissant apparaître que quelques touches bleues çà et là à la verticale de l'aérodrome.

Le soleil en profite pour y faire passer quelques pinceaux lumineux qui viennent balayer la nature de leurs taches fugitives.

Dès le décollage Francis profite d'une petite déchirure dans la couverture nuageuse et passe au-dessus de la couche. Peu à peu le moutonnement éblouissant devient moins important, comme prévu par la météorologie nationale, le sol devient visible et il évolue maintenant dans un grand beau temps. Seules quelques traînées nébuleuses strient l'azur à haute altitude et n'apportent aucune gène à l'avion léger.

La leçon de géographie se déroule comme prévue sous les ailes du Gardan GY 80. La chaîne de Puys étire ses cônes tronqués à leurs sommets un peu plus loin sur la gauche. Enfin l'aérodrome de Rodez offre ses deux pistes en herbe. Bien entendu, au cours de la procédure d'intégration dans le circuit, Francis se trompe de bande et se pose sur celle qui n'est pas en service ce jour...

La faute n'est pas bien grave, il est seul dans l'espace aérien local et n'apporte aucune perturbation au trafic limité de cette belle matinée de printemps.

Rapidement ses passagers s'engouffrent dans une DS 19 qui les attendait et le laissent seul sur l'aérodrome à effectuer la procédure normale et habituelle qu'implique toute escale.

Il rejoint le bâtiment principal qui sert aussi bien de bar que de quartier général à l'aéro-club local. Là un grand C peint en noir sur fond jaune l'invite à noter son passage sur le cahier réservé à cet effet et où tout mouvement étranger à l'aérodrome est scrupuleusement enregistré...

Dans la salle une activité fébrile annonce les prémices du début des vols. Des gens s'activent et s'affairent, penchés sur des cartes dépliées et étalées sur une table au beau milieu de la pièce, qui une règle graduée ou un rapporteur d'angles à la main... La discussion laisse présager la préparation d'un grand voyage aérien.

Le carnet de route de l'avion ouvert à même le zinc, Francis note réglementairement les éléments du vol qu'il vient de réaliser avant de le faire certifier par une autorité locale, qui n'est autre, pour la circonstance que le barman qui délaisse son torchon pour tamponner le document. A côté de Francis un homme accroché au téléphone se débat comme un beau diable au milieu d'un bénitier et semble en passe de se fâcher,

— comment..., le chef pilote n'est pas là aujourd'hui..., pourtant nous avions convenu...

D'une oreille indiscrète Francis épie la conversation,

— C'est pour un test en vol..., un brevet élémentaire..., ah bon, ce n'est pas possible. !!

Rapidement il a saisi la situation, croisant le regard déçu de ce brave homme il lui fait signe de raccrocher le combiné. Il insiste un peu, ici personne ne le connaît et le futur pilote ne comprend pas où Francis veut en venir. N'ayant pas d'autre alternative il interrompt la conversation téléphonique et s'approche du jeune homme, l'air fâché.

Après s'être présenté, Francis fait la connaissance du chef pilote local. Toutes les têtes qui s'étaient levées de la carte semblent maintenant rassurées, chacun a compris l'objet de l'intervention presque incorrecte de Francis, ou jugée comme telle, qui avait surpris tout le monde. Celui-ci a seulement attendu d'être certain de bien avoir compris la situation avant de se mêler à la vie de cet aéro-club bien sympathique.

Francis est un peu pressé, dans environ une heure ses passagers seront de retour et il devra décoller aussitôt pour Cannes. Il n'y a pas une minute à perdre s'il veut mener à bien la mission dans laquelle il s'est engagé presque involontairement.

Le chef pilote lui transmet le dossier de son élève et lui donne le feu vert afin de procéder au vol d'examen de celui-ci. Francis parcourt les feuillets, il en sait assez pour se faire une première idée du niveau de son passager.

Des volontaires aident le candidat pilote à extraire le JODEL D112 du hangar et à le tirer jusqu'à l'aire de stationnement. Francis profite de quelques minutes de répit pour vérifier le niveau de carburant contenu dans les réservoirs du Gardan qu'il a emprunté pour effectuer son voyage. Ici il n'y a pas d'essence de la qualité nécessaire au moteur de 160 chevaux qui équipe le GY 80, pour avoir du carburant d'indice d'octane 100, il lui faudrait pousser une pointe jusqu'à Villefranche de Rouergue, il n'en a plus le temps…

Il avait envisagé de compléter le plein au cours de son escale avant d'entreprendre la seconde branche de son circuit. Un rapide coup d'œil dans les réservoirs le rassure en lui confirmant les bonnes indications des jauges électriques. Il a juste ce qu'il lui faut pour couvrir le reste du voyage en tenant compte de la réserve de sécurité obligatoire que la réglementation impose dans ses textes. Il n'est pas nécessaire de s'inquiéter inutilement.

La visite « prévol » est effectuée correctement, le JODEL est fin prêt, son pilote aussi, le vol peut commencer avec le démarrage du moteur. Le rituel se déroule comme à l'accoutumée et le test se passe normalement, sans accroc, la pédagogie régissant l'école de pilotage d'un avion est uniforme dans notre pays, les instructeurs sont tous issus du même creuset, cela permet ce genre d'exercice sans risque d'incompréhension de part et d'autre.

Un rapide survol des connaissances théoriques concernant l'avion et son environnement situe avec suffisamment de précision le niveau du candidat. Francis laisse l'entière responsabilité d'une interrogation orale plus poussée sur la réglementation aérienne et autres matières générales contenues dans le programme au commissaire de l'Aéro-club de France, celui-ci complétera le dossier et le fera parvenir à l'administration de tutelle pour l'attribution du brevet et de la licence élémentaire de pilote privé d'avion.

Légalement ils devraient se trouver tous les deux présents simultanément sur les lieux de l'examen pour procéder à celui-ci. Le collègue d'un jour ne connaît même pas la présence de Francis sur l'aérodrome, ni même son existence, il est donc tout à fait normal qu'il soit absent… Francis lui fait aveuglément confiance pour la poursuite de l'examen, sans pour cela signer un chèque en blanc. A la simple vue de sa signature au bas de la page, le second juré validera systématiquement le procès verbal de l'épreuve sans se poser d'inutiles questions.

Cette façon exceptionnelle de fonctionner, peu cavalière au premier abord, presque illégale même, permet de pallier au manque d'examinateurs qualifiés et ne fausse nullement les résultats ni la valeur des brevets ainsi obtenus, celui-ci étant passé en plusieurs étapes à des moments différents.

Ce n'est pas par complaisance que Francis appose sa signature au bas du rapport de vol, tout est correct et les normes de sécurité requises pour l'obtention du papier postulé sont respectées. Rien d'autre que le comportement de son voisin aux commandes ne peut influencer son verdict. Si c'est lui qui prend la décision, c'est bien le candidat qui l'a faite par sa prestation à bord de l'avion, même si tout n'est pas parfait, le pilotage est sain et permet de se lancer à l'assaut du brevet suivant après un entraînement approprié.

Cette hasardeuse escale sur cet aérodrome simplifie la façon habituelle de procéder. Elle évite le déplacement de l'élève accompagné de son instructeur sur les lieux d'activités d'un examinateur voisin, après avoir concrètement pris un rendez-vous ferme sur un simple appel téléphonique. Procédure lourde à mettre en place certain jour et qui, ce matin même, a montré ses limites et s'est soldé par un échec relatif avant d'avoir entamé le trajet.

Il aurait été des plus incorrect de la part de Francis de rester dans l'ombre et délaisser cet élève se morfondre dans des impressions où l'aviation pratiquée dans les aéro-clubs ne serait pas sortie avec les honneurs, ni les hommes qui la servent. Il aurait fallu provoquer une nouvelle occasion, réunir les protagonistes en tenant compte des impondérables que les conditions météorologiques sèment sans compter sur le parcours des avions légers.

L'encre de sa signature est encore humide que retenti derrière lui un claquement sec et caractéristique du bouchon de la bouteille de Champagne qui s'élance à son tour dans l'espace restreint de la salle de bar avant de venir choir sous une table un peu plus loin.

Tradition ou pas, il n'y a plus pour Francis qu'à s'approcher de la table où les coupes sont alignées à côté de quelques assiettes où attendent des gâteaux secs. Les verres s'entrechoquent discrètement en trinquant avec le récipiendaire qui arbore un radieux sourire.

Sur le parking réservé aux autos, derrière la barrière, une DS 19 vient de se garer. C'est le verre à la main que Francis accueil ses passagers tout surpris de constater la sympathie débordante des gens de l'aéro-club local. Dès qu'ils seront en vol, un peu plus tard, le pilote se permettra d'expliquer en détail la situation présente qui ne correspond tout de même pas à la réception habituelle des équipages de passage, bien loin de là sur certains terrains où il a eu, parfois, l'impression de déranger par sa présence ponctuelle, comme l'arrivée d'un chien au beau milieu d'une partie de pétanque.

Pour l'instant Francis serre de nombreuses mains et répond à de nombreux sourires avant de pouvoir s'échapper vers le Gardan qui l'attend pour poursuivre son périple inachevé entamé ce matin.

De nouveau le moteur tourne et c'est le départ vers Cannes, prochaine et dernière étape de la journée. Durant le vol son esprit revient souvent involontairement vers ce petit club du sud de la France où une réelle ambiance de sympathie, d'amitié presque, règne en toute simplicité sans la moindre ambiguïté et il est heureux d'avoir apporté son petit caillou à l'édifice « aviation légère et sportive ». Francis se promet fermement de porter cette escale sur ses tablettes et, lorsque le hasard d'un vol fera que le tracé de sa route passera dans les parages immédiats de cet aérodrome, il ne manquera pas de se poser afin de déguster amicalement une bière au bar tout en discutant de leurs activités passionnantes avec le chef pilote de l'association locale.

Tous les repères portés sur la carte défilent tour à tour, comme prévu. Le Rhône est franchi depuis quelque temps déjà et un doute commence à torturer l'esprit du pilote. La vitesse par rapport au sol est nettement plus faible que celle calculée avant l'envol avec les éléments fournis par les services de la météorologie nationale à la suite d'un appel téléphonique.

En se fiant à sa montre, Francis constate qu'il devrait être arrivé depuis plusieurs minutes et ils n'aperçoivent toujours pas la mer.

Voici Fayence et son petit aérodrome qui défile sous les ailes. Les jauges avouent leur pauvreté et ravivent les craintes de Francis. Les vents ne sont pas favorables et sont totalement opposés à ceux que le prévisionniste avait communiqués par téléphone avant le décollage initial, il va être réellement juste en carburant avec ce considérable retard pris depuis le survol des contreforts de Alpes de Hautes Provence.

Il y a pratiquement deux heures il faisait passer un brevet de pilote en l'assaisonnant de mille et une recommandations sur la prudence à respecter et tout ce qu'elle engendre comme contraintes. L'examinateur qu'il est vient de se permettre l'impasse et un droit à l'erreur, il est impardonnable de ne pas avoir porté plus d'attention et de soin à la vérification des pleins et à la consommation anormale en cours de vol dès que celle-ci s'est avérée évidente.

Au loin la Méditerranée miroite à l'horizon, les pistes de l'aérodrome Cannes sont en vue. Cela devrait aller, maintenant Francis n'a plus d'autre alternative que de continuer vers son but en espérant le rallier sans connaître les affres de la panne sèche avant de l'atteindre.

En contact radio avec la tour de contrôle il n'ose pas demander la priorité à l'atterrissage pour manque de carburant. Une pointe de vanité non justifiée le pousse à garder son secret malgré l'arrivée dans le circuit d'un appareil en provenance de la Corse. Le contrôleur accorde à Francis le numéro 1 pour la courte finale, ouf… ! sans cette autorisation de dernière minute il pense sincèrement qu'il aurait été obligé tout de même de requérir cette priorité en avouant que ses jauges sont à zéro depuis plusieurs minutes et ne se permettent même plus le moindre frémissement de leurs aiguilles derrière la cage de verre.

A son grand soulagement les roues prennent contact avec le bitume, maintenant le moteur peut s'arrêter de tourner, tout risque est écarté. L'hélice continue sa rotation jusqu'à l'immobilisation complète de l'appareil sur l'aire de stationnement assignée.

L'angoisse inavouée se calme, Francis commence à respirer beaucoup plus librement, le poids qui lui comprimait la poitrine a disparu comme par enchantement alors que la piste se rapprochait. Ses passagers sont arrivés à bon port dans les conditions et les délais prévus, le contrat est rempli, pour le pilote entraîné qu'il est, la leçon est à la mesure de son erreur d'appréciation.

En voyage aérien, rien n'est acquis par avance, toutes les précautions d'usage doivent être prises afin que le vol se déroule selon le processus prévu, l'improvisation, les décisions hâtives et surtout l'excès de confiance doivent être totalement exclus de toutes préparations sérieuses d'un voyage.

Sans perdre une minute Francis demande à compléter les pleins en carburant, ainsi il sera prêt pour le départ demain matin et libéré de cette indispensable formalité technique.

D'autre part, il sera fixé sur l'autonomie réelle dont il disposait encore lorsqu'il a coupé les contacts et arrêté le moteur sur le parking de Cannes.

Le camion citerne se gare devant le Gardan et le tuyau est déroulé. Le totalisateur accuse 153 litres lorsque le pompiste referme le bouchon du second réservoir rempli à ras bord. Une petite inscription peinte près de l'orifice confirme ce qu'il savait déjà, 160 litres est la capacité maximum des outres contenues dans les ailes de l'avion, il ne restait donc que 7 litres, 7 litres seulement, à peine de quoi effectuer un rapide tour de piste supplémentaire dans le cas où une remise des gaz avait été nécessaire pour une raison quelconque… Francis est bien loin des 45 minutes de réserves imposées par la réglementation et qu'il était persuadé posséder lors du décollage de Rodez.

Les imprécisions du prévisionniste contacté par téléphone, ou la mauvaise interprétation du pilote, des éléments météorologiques donnent une fois encore une réelle justification à l'existence de cette réglementation qui parfois est la cible de contestation pour les contraintes qu'elle impose.

Tout est bien qui fini bien, une expérience marginale vient étayer l'importance de la surveillance constante du déroulement d'un voyage. Dans le principe cela est simple, mais la décision à prendre ne doit jamais être reportée en espérant que les choses s'arrangeront d'elles-mêmes.

Face à une situation analogue, dorénavant Francis n'hésitera plus un instant avant de prendre la décision qui s'impose, il se posera sur l'un des nombreux aérodromes qui jalonnent son trajet afin de procéder à une simple escale technique, laissant l'esprit libre de tout risque potentiel et ainsi il pourra mieux profiter du déroulement incessant du paysage survolé.

Dans un voyage aérien à bord d'un avion léger, le plus difficile pour le commandant de bord est de prendre cette importante décision qui s'impose par les événements, et de la prendre juste au moment où elle se justifie. Tout report de celle-ci peut avoir des conséquences désastreuses et des répercutions dangereuses allant jusqu'à mettre en péril la vie des passagers qui lui ont fait confiance sans que cela se soit réellement nécessaire. Le pilote est le seul maître à bord, c'est à lui d'assumer pleinement ses responsabilités en ayant toujours la sécurité du vol en ligne de mire.

* * *

Il arrive parfois que l'un de ses anciens camarades de l'école primaire accompagne Jean-Claude au terrain, celui-ci, en bon maître de maison, lui fait les honneurs du hangar. Là, il est parfaitement à l'aise, il est chez lui, la visite du sanctuaire se passe sans commentaires éloquents ni superflus. Jean-Claude étale ses connaissances en essayant de ne pas paraître prétentieux, ses explications restent simples et abordables à tous.

Il se cantonne à répondre aux nombreuses questions générales qu'il collecte au cours de la journée, sans pour cela oublier les explications ponctuelles qui lui sont demandées et qu'il commente avec parfois un excès de détails. Au travers de son comportement du moment perce la flamme qui l'anime à l'approche d'un avion ou d'une simple machine volante dont il pense avoir percé tous les secrets.

Cela fait à peine deux ans que le jeune homme a quitté la classe communale et sa cour de récréation. Il habite toujours le même village en bordure du canal qui longe et surplombe le Loing de quelques mètres. Le contact n'a jamais été rompu avec ses compagnons de scolarité qu'il croise de temps à autre. Avec eux il a usé ses fonds de culotte sur le bois poli des bancs de l'école primaire, restant souvent perplexe devant un tableau noir que l'instituteur s'efforçait de faire vivre en le couvrant d'annotations, parfois barbares, qui lui échappaient totalement et dont la signification exacte le laissait indifférent.

Sa persévérance dans la ligne choisie, sa réussite (relative) dans la poursuite de son objectif pousse à l'admiration de certains qui arrivaient même à l'envier, à le jalouser parfois sans connaître la somme d'efforts que cela lui demandait. Eux, étudiants ou apprentis en usine, ne comprennent pas toujours la motivation qui propulse Jean-Claude vers une direction inhabituelle pour un adolescent. Ils ne comprennent pas la raison pour laquelle il sacrifie tout de ses jeunes années et dont l'aboutissement et la conclusion leur échappent, seule, sa vocation profonde lui fait entrevoir un avenir prometteur à l'horizon des années à venir que les autres ne peuvent même pas pressentir…

C'est avec des yeux étonnés et aussi beaucoup de respect que son invité du jour peut l'observer alors qu'il s'installe en conquérant à bord de « son » avion, tout seul. Dans quelques instants, après sollicitation d'un aide, l'hélice entrera en rotation et coupera tous les ponts avec le monde des terrestres. Le moteur fera entendre sa voix mécanique et Jean-Claude, grand seigneur du moment, se fera obéir de l'engin en lui imposant sa propre volonté, le monstre de bois et de toile admettra sa supériorité et répondra à ses invitations.

Ce sera alors le décollage pour cet univers qu'il a librement choisi. Durant quelques instants il aura largué les amarres des contraintes terre à terre. Une petite ombre voile son plaisir, il aurait aimé faire partager son univers et sa joie à l'ami qui l'accompagne, il n'en a pas le droit, sa licence élémentaire de pilote privé d'avion lui interdit l'emport de passager et il est toujours trop jeune… Ce sera pour une autre fois, dans quelques semaines ce handicap sera levé et il n'hésitera pas un instant avant de proposer une promenade aérienne à ses amis, non pas pour tenter de les convaincre, mais uniquement pour leur montrer afin qu'ils puissent mieux comprendre ce qu'il ressent aux commandes de son appareil alors qu'il a rompu tous les liens avec le sol et ses contraintes.

Certains ont déjà osé prendre le baptême de l'air et se rendent à l'évidence. D'autres, plus crédules ne veulent même pas tenter l'expérience tant subsiste cette peur irraisonnée que l'avion provoque chez certaines personnes.

C'est un état d'esprit à combattre avec tout ce que cela comporte comme astuce à développer. L'aventure semble la seule motivation principale et n'est réservée qu'à un nouveau type d'aventurier qui, de plus en plus, se doit d'être fortuné afin de fréquenter ce milieu spécial de l'aviation où, pour réussir il ne suffit pas d'être seulement un peu fou…

Cette notion de classe bien délimitée, de catégorie spécifique avec ses critères sélectifs est, chez l'enfant, liés à une notion de frontière à ne jamais transgresser.

Cette classification de personnes répond à un concept bien établi, comme chez l'épicier sont étiquetés et rangés les légumes frais, les conserves et les produits d'entretien…

Il ne faut rien mélanger sous aucun prétexte afin de simplifier au maximum le problème. L'adolescent a été conditionné dans cet état d'esprit par un environnement familial où il a appris à reconnaître du premier coup d'œil, les gens « biens » et les « moins biens » qu'il lui faut éviter de fréquenter et même se méfier suivant le degré indiquée par l'échelle des valeurs reçues.

C'est toute une éducation, tout un contexte général, qui ne met pas uniquement en cause la cellule familiale, mais aussi les habitudes prises au premier degré dans lesquelles l'enfant a évolué et grandi jusqu'alors. Untel est une personne « bien » parce qu'il fait ceci, pratique cela…, cet autre est catalogué peu recommandable et même un peu fou parce qu'il pratique ceci…

L'enfant n'a pas le choix de son propre choix, il est obligatoirement influencé et d'accord, au départ, avec les valeurs qui lui ont été inculquées depuis sa naissance. Il lui faudra attendre que son caractère s'affirme pour se remettre en question afin de déceler par lui-même, au fil des années, sa propre interprétation de la vie dans une objectivité toute nouvelle. Alors seulement il pourra penser autrement, sans pour cela trahir la pensée de ses parents qu'il prend souvent à contre pied, par réaction.

Pour ses camarades, Jean-Claude n'est qu'un enfant de leur âge, un copain qui ne suit pas la ligne habituelle du cheminement de la vie logique à leurs yeux. Ils se posent des questions dont les réponses ne se trouvent pas dans les manuels qui régissent l'ordonnancement ancestral de la destinée et ne sont pas évidentes à leur esprit non préparé à ce contre courant.

Jean-Claude, tout en étant conscient de sa position presque marginale, ne tire aucune vanité démesurée de cet état de fait qu'il estime naturel. Il se sent privilégié par les événements. Jamais il ne se permettra la moindre réflexion sur l'incompréhension de certains qui le considèrent atteint d'un complexe de supériorité parce qu'il pratique, seul, le pilotage d'un avion. Il est conscient qu'il suscite des jalousies, à ceux là il est prêt à expliquer ce qu'il fait et qu'eux aussi peuvent le faire s'ils le veulent réellement, rien n'est impossible dans ce domaine. L'information passe mal, cela crée ce climat d'incompréhension qui subsiste parfois entre les interlocuteurs non avertis.

La confiance en soi et en l'avenir est un remède infaillible à cet état d'esprit mais ne guérit pas le manque de moyens financiers qui est lui aussi un facteur important et indispensable de la réussite.

Il est plus facile de sillonner les rues du village courbé sur le cadre d'un vélomoteur pétaradant, cela coûte moins cher et donne illusion…

Dans le hameau même, son succès ne laisse pas les habitants indifférents, ici, dans le cadre restreint des quelques maisons qui jouxtent le bourg, tout le monde se connaît et les avis sont partagés. Beaucoup de parents clament à qui veut bien les écouter qu'ils ne permettraient jamais à leur fils, ou fille, (pourquoi pas) de se risquer à la pratique de ce sport qu'ils jugent dangereux et hasardeux. C'est encore une fois le manque d'informations objectives qui occulte les progrès réalisés dans le domaine aéronautique, donnant une fausse idée sur l'organisation et le sérieux des cours dispensés au sein des écoles de pilotage en aéro-club.

Les instructeurs sont des gens normaux et responsables, conscients de l'importance du vecteur qu'ils transmettent à leurs élèves, ce loisir, presque un sport, n'a rien d'extraordinaire en soi, il est comme les autres et apporte à son pratiquant l'évasion de la vie courante qu'il recherche souvent vainement. Il y retrouve des inconvénients, des avantages, des risques…

Il n'est point besoin de se trouver une âme d'aventurier du vingtième siècle, ou de ressembler à un fou vaniteux, pour se lancer à l'assaut d'un brevet de pilote privé d'avion. La porte est grande ouverte à toute personne normale et équilibrée sans aucune restriction ni discrimination d'aucune sorte.

Hélas, le tribut à payer à la nature est une chose qui semble inéluctable, le moindre accident, malheureusement il y en a comme dans tous les sports mécaniques où l'homme est aux commandes, est repris par les médias à la recherche constante d'informations spectaculaires.

Une certaine presse, avide de sensations fortes et de clichés stéréotypés, est à l'affût de la première défaillance de la mécanique, de la première fausse note d'un pilote indiscipliné. Un simple week end tout à fait normal dans les limites de l'hexagone coûte beaucoup plus cher en vies humaines sur les routes, par imprudence de ceux qui se permettent de juger le comportement des autres, qu'une année complète d'aviation légère et sportive.

Sur terre, les inconscients sont beaucoup plus nombreux, même en pourcentage, au volant d'un véhicule de surface qu'au manche d'une machine volante où le simple fait de quitter le sol est une indication concrète des risques encourus à défier la nature et les choses établies depuis longtemps.

Les détracteurs de cette forme d'expression ont alors la partie belle, ils laissent libre cours à leur agressivité injustifiée en commentant partiellement des événements qu'ils ne connaissent pas et qu'ils combattent sans raison réelle, simplement parce qu'il leur faut vendre une feuille de choux et écrire un article. La mort des autres est toujours un sujet qui frappe les lecteurs, surtout lorsque l'article en question est appuyé par des photographies et des documents spectaculaires représentant des décombres fumants et informes où l'imagination délirante du rédacteur ponctue par des légendes qui touchent la fibre intime de chacun.

L'inertie de la pensée, face aux choses évolutives, laisse planer la crainte et ferme la porte des aéro-clubs à certains que la peur irraisonnée de l'inconnu laissent méfiants et interdit toute approche des pistes et des aérodromes par manque d'informations objectives sur la réalité. Alors que pour d'autres, cette peur, ils chercheront à la dominer et à la vaincre en essayant de savoir, en se renseignant auprès des associations qui pratiquent cette forme d'expression personnelle qui évolue sans cesse vers la sécurité par une recherche constante de technicité éprouvée et des réglementations adaptées.

* * *

Les matérialistes soutiendront que les sports aériens sont onéreux et par cela même ne sont réservés qu'à une couche de la société très limitée. Seuls, les nantis et les privilégiés seraient admis à pratiquer cette forme de loisir en tant que tel. Ce n'est que partiellement exact, cette influence financière freine passablement le développement de ces disciplines des sports mécaniques.

De nombreuses facettes sont offertes aux futurs conquérants du ciel, cette diversification laisse une place à chaque niveau de financement possible afin que ceux-ci puissent s'exprimer en fonction de leurs ressources du moment.

La décision du premier pas est importante et ne doit pas être prise à la légère, beaucoup d'adeptes, sans analyse approfondie du cheminement à parcourir nécessairement, visent tout de suite trop loin et croient fermement aux prolongements naturels et évidents, à leurs yeux, qu'offre l'avion en tant que moyen de déplacement pour voyages d'affaires.

L'accès à ces sommets n'est pas du niveau d'un pilote débutant, c'est le haut de la gamme offerte au pratiquant de cette forme d'aviation. Elle n'est accessible qu'à des pilotes entraînés au pilotage pur et à la radionavigation, ils sont assez rares en aéro-club ces « cochers » que le chef pilote laisse partir pour un grand périple sans aucune appréhension.

Cette vision simpliste des choses, très louable par ailleurs, est difficilement réalisable par l'impact financier qu'elle nécessite et le travail personnel à fournir avant d'atteindre le niveau technique ainsi que la confiance en soi nécessaire afin de se lancer dans ce type de déplacement avec toute la fiabilité et la sécurité requises.

Le côté purement sportif et occupation de loisir est alors totalement occulté et relégué au second plan, l'avion est seulement considéré comme un moyen pratique et rapide pour relier un point à un autre. Ce n'est plus le moyen d'expression ni d'évasion à caractère sportif que recherche la majorité des pilotes du dimanche et qu'ils retrouvent dans la pratique du vol à voile ou de la voltige aérienne. Cela est alors du domaine du travail aérien et des pilotes professionnels.

L'avion ne sert plus à extérioriser une supériorité éphémère que procure la joie de maîtriser une machine volante. Il ne devient uniquement qu'un simple vecteur de liaison pour aller d'un point A à un point B, tout simplement en utilisant la ligne droite tracée sur la carte. La poésie du vol n'est totalement exclue si les conditions météorologiques le permettent, dans ce cas, l'agréable d'un tel déplacement n'est pas à comparer avec le défilement des bornes kilométriques qui jalonnent le ruban bitumé qui permet de voyager et de se déplacer sur le plancher des vaches.

La troisième dimension apporte indéniablement quelque chose de plus par le fait même de quitter le sol et ses habitudes ancrées depuis des siècles.

Dans les régions urbaines à forte densité de ce genre de clientèle, certains aéro-clubs en place tendent à évoluer dans ce sens et sont condamnés à s'aligner sur la demande. Ils deviennent alors esclave d'un progrès difficilement contrôlable qui n'exclut pas un avenir commercial inavoué. Ce sont pratiquement de véritables sociétés à structure industrielle, elles emploient du personnel salarié à plein temps, des mécaniciens pour l'entretien du matériel, des secrétaires pour la tenue et la gestion de l'inévitable paperasserie sans laquelle notre société ne serait pas ce qu'elle est.

Des pilotes professionnels complètent l'éventail du personnel nécessaire à la bonne marche de « l'entreprise », ils sont instructeurs, certains même sont titulaires de la qualification de vol aux instruments et sont ainsi aptes à palier à la déficience des conditions météorologiques qui finiraient par lasser et user la patience d'utilisateurs aisés très intéressants pour la survie de l'association.

Tout ce contexte administratif et technique se répercute immanquablement sur le prix des heures de vol, qui, malgré un sérieux calcul très serré, éloigne des pistes certaines couches laborieuses de la société de consommation dont les modestes revenus ne permettent pas d'adhérer à de telles associations et qui, par extension, les jugent toutes calquées sur le même modèle…

Les appareils proposés voient leur puissance s'accroître, leur confort s'améliorer et le tableau de bord se perfectionner en se compliquant. Les prix de revient de telles machines suivent obligatoirement cette progression vers le haut. L'évolution instinctive suit inexorablement son cours d'une façon inflexible et dérive hors de portée du commun des mortels qui aspire à se livrer à cette activité prometteuse. L'objectif initial de la vulgarisation de la pratique des sports aériens semble perdue de vue par cette fuite vers un équipement sans commune mesure avec les espérances de la masse des membres qui forme les aéro-clubs.

Cette évolution semble naturelle, elle s'éloigne de l'idée de base de la notion même d'aéro-club. Heureusement, la diversification géographique et démographique fait qu'il existe encore, et qu'il existera toujours, des petits aéro-clubs qui affichent l'esprit d'association à caractère non lucratif. Il y a là une poignée d'hommes désintéressés, un groupe d'amis, résolus et actifs, animés d'une foi inaltérable dans l'avenir de leur club et qu'ils dirigent tant bien que mal dans une voie démocratique qui n'autorise aucune discrimination ni sélection pour l'admission de membres nouveaux en son sein.

Le matériel mis à disposition est à l'échelle des moyens financiers du groupe et d'une hypothétique activité à venir. Souvent le hangar abrite un petit biplace d'école équipé d'un moteur de moins de 100 chevaux, rescapé d'une génération ancienne et qui a survécu à l'appel des puissances supérieures. Son tableau de bord est réduit au strict minimum nécessaire à l'exécution des premiers pas dans le pilotage, et requis par la réglementation, conditionnant ainsi un prix de revient à l'heure de vol abordable et accessible à tous les portefeuilles des utilisateurs.

A ses côtés, un quadriplace d'une puissance comprise entre 120 et 180 chevaux offre son tableau de bord équipé pour le voyage et les grandes randonnées, qui parfois entraîne certains pilotes hors des frontières de l'hexagone dans un confort acceptable.

Entre ces deux machines, il est souhaitable de trouver l'avion du compromis qu'offre un moteur de 100 à 120 chevaux, référence et repère indispensable dans l'échelle des valeurs et de la hiérarchie des avions, qui, lui servira de transition entre les deux cas précédents. Les trois places offertes par son habitacle permettront à l'élève, devenu pilote à part entière, d'exercer sa passion et de se perfectionner dans l'utilisation des aides radioélectriques à la navigation que ne possède pas le petit biplace.

La progression pédagogique définie par le programme officiel est respecté, l'aspect financier du problème est affiné au plus juste par une étude minutieuse des besoins et de la demande. Un équipement en radionavigation, VOR, ADF, et autre GPS..., est superflu pour un simple vol local qui est le lot d'une très grande majorité des membres actifs d'un aéro-club quel qu'il soit. Il est inutile d'en assumer les conséquences pécuniaires. Par contre, ces instruments sont indispensables dès que l'on abandonne le tour de piste pour effectuer des longs voyages comportant parfois plusieurs heures de vol au-dessus de la nature.

Les petits aérodromes gérés par l'aéro-club local sont souvent plus accueillants et plus sympathiques. Il est agréable de s'y arrêter quelques minutes afin de déguster une bière ou autre boisson au bar qui meuble immanquablement le local d'accueil. L'ambiance amicale qui y règne favorise le contact humain et encourage à ne pas manquer cette escale lors d'un prochain voyage dans la région, quitte à parfois même à provoquer le déplacement.

Ce n'est pas malheureusement le toujours le cas, il est rare, mais cela existe, d'avoir la ferme impression d'arriver en étranger indésirable qui vient troubler la sérénité d'une fête de famille à laquelle il n'est nullement convié.

En grande majorité, les aéro-clubs de province se sont édifiés petit à petit, sous l'impulsion d'une personne fortement motivée, entraînant dans son sillage quelques bonnes volontés disponibles. Ces pionniers seront les indispensables piliers de l'association, la relève s'effectue difficilement, la foi est une chose qui s'use si rien n'est fait pour l'entretenir et la stimuler.

L'érosion naturelle du temps qui passe sur la motivation est freinée par l'espoir de trouver des jeunes dynamiques pour reprendre le flambeau. Chacun y met du sien pour que l'aéro-club puisse tourner dans les meilleures conditions possibles. Les hommes vieillissent, le matériel aussi, il faut y pourvoir. L'entretien des avions et de l'infrastructure use beaucoup de temps et de bonnes volontés, chaque problème trouve sa solution, souvent au coup par coup, afin que chacun puisse effectuer son petit vol du dimanche en toute sécurité. Le contexte technique impose ses servitudes, il est parfois nécessaire d'abandonner quelques heures la mécanique pour se consacrer à d'indispensables détails plus terre à terre. Certains dimanches seront occupés à gâcher du ciment, à creuser des trous qui recevront les poteaux servant de support à une main courante demandée par la réglementation afin de délimiter avec précision le secteur réservé au public qu'il est permis d'espérer toujours plus nombreux d'un dimanche à l'autre.

D'autres journées seront consacrées à reboucher la grande fosse béante où l'on vient d'installer la première citerne à carburant, celle-ci remplacera avantageusement la traditionnelle pompe à main plongée dans un fût de 200 litres dont tous les joints demandent grâce et se mettent à fuir à la moindre sollicitation de son levier. Ce, sans négliger pour autant la vérification habituelle du matériel volant avant chaque utilisation.

Comme dans toute confrontation humaine, cela ne se passe pas toujours sans friction. Il faut compter avec ceux qui viennent à l'aéro-club dans le seul et unique but de voler et de piloter, ignorant le contexte nécessaire, ils sont venus pour cela et ne s'abaissent pas à ces viles corvées sans lesquelles rien n'est possible et qui conditionnent le maintien d'un prix de revient le plus bas possible dont ils bénéficient.

Ils papillonnent en commentant la situation autour de ceux qui se dévouent sans compter afin que chacun puisse effectuer son petit vol dominical. Ces mouches du coche voleront comme prévu, sans se salir les mains à l'exécution des basses besognes, sans même oser passer un coup de peau de chamois sur un pare-brise poussiéreux après une semaine d'inactivité sous le couvert du hangar.

Dans ces associations où le bénévolat est de rigueur, la progression de l'activité du club récompense les dirigeants qui oeuvrent vers un but dont l'utilité ne leur échappe pas.

Ces petits sacrifices personnels, additionnés, mis bout à bout, permettent d'obtenir un prix de revient de l'heure de vol assez bas, à la portée de tous les participants qui ont accepté la règle du jeu.

La persévérance paye en vraie monnaie humaine, le club fonctionne, se maintien, vit et prospère à la plus grande satisfaction de ceux qui ont peiné afin d'obtenir ce fragile résultat.

Le concours de vol à voile

Comme l'an dernier, l'aéro-club assume la charge de l'organisation du concours régional de vol à voile. Les services officiels et la fédération nationale, encouragés par l'expérience des années précédentes, ont renouvelé leur confiance aux dirigeants locaux afin que ceux ci mettent tout en oeuvre pour assurer la réussite la plus complète possible de cette sélection.

De là émergeront quelques pilotes de valeur aptes à participer aux prochains championnats de France qui se dérouleront sur un autre aérodrome où le support logistique est beaucoup plus étoffé.

L'organigramme succinct de l'an passé est dépoussiéré, il se corrige, se surcharge, se précise. Un nouvel ordre est établi. Les hommes qui composent le bureau directeur de l'aéro-club ne ménagent pas leur peine. Le schéma est figé, la mobilisation générale est décrétée et s'instaure.

Chaque membre de l'association se voit attribué une charge précise bien définie. Les responsabilités sont réparties et partagées en fonction des qualités et de l'expérience de chacun, de sa disponibilité permanente ou non durant les trois jours de ce week end prolongé de Pentecôte. Aucun détail ne doit entraver le déroulement normal des épreuves. Les inconnus sont hélas trop importants pour se permettre d'accepter une préparation légère qui laisserait la porte ouverte à la fantaisie.

Le moindre détail a été étudié, les défaillances et les difficultés de dernière heure, rencontrées il y a un an, ont été passées au crible, un remède est défini avec le secret espoir qu'il sera suffisamment efficace si l'opportunité de l'utiliser se présentait.

Il ne faut pas oublier le côté purement spectacle, complément nécessaire au déroulement d'un tel événement local, une importante sonorisation draine la zone réservée au grand public en étalant ses câbles le long de la main courante. Chacun espère secrètement voir une foule imposante, le plus dense possible, se presser pour assister à cette manifestation sportive annoncée sans retenue dans la presse locale. La vulgarisation de ce loisir trop méconnu du grand public fait partie du programme et est un but secondaire non négligeable de cette épreuve.

Lorsque le soleil retombe sur l'horizon, en ce vendredi soir, rien ne manque sur le terrain et les premiers équipages peuvent se présenter avec leurs planeurs démontés et soigneusement placés sur leurs remorques conçues spécialement ou adaptées à cet usage. Beaucoup camperont sur place, l'eau courante vient d'être installée et un bloc sanitaire tout neuf permet d'améliorer passablement le confort.

Pratiquement tous les clubs de vol à voile de la région seront représentés. Certains n'arriveront que demain matin, dès les premières lueurs de l'aube naissante, avec leurs remorques et leur précieux contenu. D'autres, plus proche, viendront directement en vol avec les avions remorqueurs qui sillonneront le ciel avec les planeurs de la compétition.

Lorsque le feu vert sera donné et que l'épreuve sera considérée comme commencée, il ne faudra pas moins de cinq ou six avions équipés de crochets pour mettre en l'air, simultanément, la cinquantaine de voiliers de l'azur que compte l'épreuve.

Il est très important de réduire au minimum le temps qui s'écoule entre le premier et le dernier départ afin que tous les concurrents soient logés à la même enseigne et trouvent des conditions aérologiques identiques au moment crucial du départ en circuit. La part de chance pure doit être réduite à sa plus simple expression, les minutes qui s'écoulent sont parfois décisives, dame météo est capricieuse et ses évolutions soudaines insondables, il ne faut pas lui laisser le temps de pratiquer une sélection naturelle qui n'a plus rien à voir avec le sport, les qualités des pilotes et les performances de leurs machines.

Jean-Claude est, comme tous ici, saisi de la fièvre des grands jours que provoque une effervescence ponctuelle hors du commun qui agite la plate-forme d'une animation inhabituelle en fin de semaine, presque ensorcelante.

La fête est commencée bien avant le jour « J » par les innombrables préparatifs que demande une telle manifestation. Il reste toujours un dernier détail à régler, une dernière retouche à peaufiner, puis encore une autre…

Des équipages arrivent encore, il faut les accueillir, les placer là où ils éliront domicile durant trois jours. Beaucoup ne connaissent pas cet aérodrome, une visite rapide des lieux s'impose avant de prêter main forte pour l'installation du campement provisoire.

Tout récemment breveté pilote de planeur, le jeune homme se verra affecté à l'équipe de maintenance et de dépannage de l'appareil représentant l'aéro-club local garé depuis peu de temps sous les tôles du hangar. Ce sera la première fois que cet aéro-club présentera un équipage à cette compétition annuelle. Il serait prétentieux de se croire aguerris à cette tâche nouvelle pour les pilotes de l'association locale.

La nuit s'établit peu à peu. L'aérodrome est bientôt dans l'obscurité, le soleil a retiré ses derniers rayons de lumière. Les oiseaux se sont tus, les campeurs s'en retournent vers les tentes ou leurs caravanes, des voitures s'évadent au travers des bosquets. Le calme s'établit, c'est un calme habituel aux veillées des grandes journées, et celles qui viennent sont prometteuses en événements de tout genre. Ce sera trois jours de vie trépidante d'activité débordante et inaccoutumée qui se dérouleront entre les sapins environnants. Le cadre est à la mesure de l'épreuve.

Un peu à l'écart, au milieu d'une petite clairière, un feu de bois crépite. Un cercle s'est formé autour des flammes qui lancent leurs lueurs vacillantes vers le ciel en déformant les ombres. La veillée d'arme provoque des insomnies et la discussion s'instaure. Un air d'harmonica tisse une musique de fond qui s'allie au feu pour créer une ambiance ouatée, presque surnaturelle. Des évocations de souvenirs, bons ou mauvais, resurgissent des mémoires, des amis anciens renouent connaissance, de nouvelles amitiés s'ébauchent.

Le monde vélivole est assez restreint dans les limites régionales, beaucoup de pilotes se sont déjà croisés sur d'autres aérodromes à l'occasion d'un vol ou d'une autre compétition de ce genre.

Des noms sont lancés en pâture à la discussion…, untel participe-t-il à l'épreuve ? les supputations vont bon train, les chances de chacun sont soupesées et analysées en fonction d'un comportement passé et aussi de la machine utilisée. Un peu hardiment des pronostics sont avancés alors que la liste des concurrents engagés n'est pas encore clôturée.

Pour beaucoup ce sont des retrouvailles annuelles, ils ont un passé vélivole important et ne comptent plus leurs participations à ce genre de manifestation. Pour d'autres, c'est le baptême du feu, avec en prélude, cette ambiance de kermesse qu'ils viennent de trouver dès leur installation sur les lieux même de leurs futurs exploits…

La nuit s'avance, la fatigue et la lassitude s'installent autour du feu. Les voix deviennent de plus en plus feutrées, le ton a baissé. Le joueur d'harmonica a rangé son instrument dans son étui. La ronde s'éclaircit, les craquements du bois qui fini de se consumer se font de plus en plus espacés, la lueur rougeâtre s'atténue peu à peu et bientôt le feu se meurt sous un ciel étoilé qui semble avoir récupéré les étincelles du brasier qui pétillaient il y a peu de temps.

Demain ce sera le grand jour.

* * *

Avec les premières lueurs de l'aube naissante la vie réapparaît sur l'aérodrome, c'est le réveil et une animation inaccoutumée s'établit progressivement.

C'est un peu la bousculade auprès du seul robinet d'eau potable disponible à des kilomètres à la ronde. Beaucoup de têtes sont levées vers un ciel où les couleurs du jour chassent les ombres de la nuit. La journée sera-t-elle belle ? les conditions météorologiques seront-elles favorables à une épreuve de vol à voile ?… Il serait réellement dommage que cette journée d'ouverture des hostilités toutes pacifiques soit compromise pour des raisons naturelles dont personne ne possède la maîtrise et qui échappent totalement à l'homme et son esprit de décision.

Peu à peu la vie renaît et s'organise auprès du hangar. Cela commence par le petit déjeuner servi dans le bar de l'aéro-club qui, pour une fois, sera transformé en réfectoire avant de revenir à sa fonction première.

Des véhicules tractant des remorques caractéristiques arrivent encore. Une rapide présentation et le contrôle de réception est effectué. Aussitôt un membre de l'aéro-club local prend en charge l'équipage nouvellement arrivé et le dirige vers le parking réservé aux concurrents et à leurs équipes. Peu à peu cette zone se meuble de remorques et de voitures, alignées comme à la parade. Sur cette aire de stationnement chacun a sa place précise et dispose d'une surface suffisante afin d'effectuer le montage de la « chose ».

Bientôt les planeurs prennent forme et étalent sans pudeur leurs grandes ailes blanches, à même l'herbe, à quelques pas de leur fuselage couché délicatement sur le sol. C'est la première fois que Francis a le loisir d'observer autant de groupes en cours d'opération de montage. Le scénario est le même pour chacun, c'est déjà une phase préliminaire importante de la compétition qui s'engage.

Rapidement les ailes sont accrochées et verrouillées sur le fuselage qui a été redressé. L'empennage prend sa place quelque temps après, en quelques minutes le planeur est fin prêt à prendre son essor. Un homme dirige la manœuvre et, bien que celle-ci soit habituelle à l'équipe, il vérifie une dernière fois que rien n'a été oublié, suivant un rituel bien établi., c'est le pilote qui, tout à l'heure, prendra l'air à bord de cet appareil. Il sait que tout a été correctement assemblé, il connaît ses équipiers, son appareil, mais on ne pourrait lui en vouloir de parfaire son contrôle par un ultime tour d'horizon.

La confiance existe, heureusement, mais elle peut bien être trahie involontairement par une distraction momentanée. Le moindre détail a son importance, sa propre vie est en jeu et chaque point critique doit être vérifié une fois encore. L'avenir d'un homme est accroché à cette petite goupille qui freine l'axe des commandes de vol, à cette minuscule épingle en corde à piano qui verrouille les attaches des ailes…

Un bruit mécanique annonce la couleur et rompt le calme de l'aube naissante, un remorqueur se présente à la verticale du terrain. Deux planeurs le suivent de près au bout de leur, cordage, quelques mètres en arrière, légèrement décalés dans leur patrouille impeccable et rigoureuse.

Un double remorquage est toujours très spectaculaire et impressionnant pour les non initiés aux choses de l'air. Cette méthode, deux fois plus rapide, ne sera pas employée lors de cette manifestation ; elle demande de la part des pilotes une très grande expérience vélivole du remorquage que certains n'ont pas ici. Ajoutez à cela la forte concentration d'appareils au-dessus de l'aérodrome et il est évident qu'un concours de vol à voile est un lieu où on ne réalise pas d'autres exploits que ceux propres à cette discipline sportive. Aucun risque inutile ne sera pris afin de minimiser les dangers potentiels, cela exclu automatiquement cette forme de remorquage qui implique une grande habitude de son utilisation. Aucun risque inutile ne sera pris afin des minimiser les dangers potentiels

Lorsque tous les concurrents répondent un à un à l'appel de leur nom, le soleil est déjà haut sur l'horizon et cherche à s'imposer entre les nuages qui commencent à envahir le ciel en formations serrées.

Les haut-parleurs, installés dans le hangar, diffusent un rapide exposé et reprennent les explications de tous ordres quant au déroulement et à l'ordonnancement des journées à venir. Un petit opuscule dactylographié confirme par écrit ce qu'une voix anonyme essaye d'expliquer, aucun doute ne doit subsister quant à l'organisation de ce week end un peu spécial.

Pendant ce temps, les commissaires et organisateurs se réunissent afin de régler les derniers points obscurs et litigieux qui pourraient encore demeurer malgré une minutieuse préparation des opérations. L'expérience prouve que jamais le déroulement logique ne colle aux prévisions, même ce déphasage se doit d'être envisagé afin de le maîtriser…

Ce sont les mêmes instances qui, délibérant à huit clos, décident de l'épreuve de la journée à la suite de l'exposé très précis de l'ingénieur météorologiste de service. Celle-ci ne peut être prévue trop par avance, les conclusions du représentant de l'office nationale sont déterminantes. Cette importante personnalité logera sur l'aérodrome même durant ces trois journées, il sera d'ailleurs le premier à voler chaque matin, dès que cela est possible, afin d'effectuer une reconnaissance quotidienne à bord d'un appareil gracieusement mis à sa disposition par l'aéro-club local.

Pendant ce temps, sur l'aérodrome, une activité fébrile se développe. Les pilotes anticipent un peu sur les décisions à venir en fonction des impressions personnelles. Un à un les planeurs sont accrochés derrière des voitures et sont convoyés jusqu'à l'extrémité de la piste en service où ils sont alignés en bordure des balises dans l'ordre de départ préalablement établi par tirage au sort.

Au moment ou le feu vert jaillira du projecteur situé au premier étage du contrôle local provisoire, tout sera en place pour l'exécution rapide du départ. La fourmilière élargit son champ d'action bien au-delà des parkings où elle était contenue jusqu'alors.

Les avions remorqueurs sont l'objet de soins attentifs de la part de leurs pilotes. Les pleins en carburant et en huile sont complétés. Un dernier coup de peau de chamois assure la propreté parfaite du pare-brise. Un énergique coup de chiffon fait disparaître la traînée noire que les coulures d'huile laissent sous le fuselage, tout est fin prêt.

Des parachutes sont embarqués, les pilotes endosseront cet accessoire obligatoire au dernier moment, juste avant de s'installer dans l'habitacle avant l'envol. Les moteurs démarrent et les avions roulent lentement pour la mise en place et viennent s'immobiliser devant la première rangée de planeurs qui viennent d'être placés sur la piste., prêts au départ.

Une à une les hélices s'arrêtent, un silence provisoire s'établit, les hommes descendent des avions et s'en vont fumer une cigarette en bordure de piste, loin des machines où cela est interdit, dans l'attente du signal de départ qui ne saurait tarder.

La conférence se termine, les commissaires sortent de la salle de délibérations, les consignes sont distribuées, le grand moment approche.

Derrière la barrière, dans la zone réservée au public, des badauds sont déjà là et se repaissent du spectacle qui leur est offert par ces hommes qui s'activent entre le hangar et l'extrémité de piste où les planeurs, une aile au sol, semblent impatients de prendre l'air au premier coup de baguette du chef d'orchestre.

Le ballet est très bien réglé, mais il n'est pas encore l'heure de la représentation. Tous les acteurs sont fins prêts et se sentent fébriles, la nervosité gagne au fur et à mesure que le temps s'écoule et que le top du départ s'approche. C'est l'ambiance d'une grande première qui envahit le plateau avec toute la nervosité à peine contenue qu'elle génère.

* * *

Les haut-parleurs grésillent, tous les concurrents sont aimablement invités à se rendre sous le hangar pour la conférence d'information. Là, toutes les explications utiles et nécessaires au bon déroulement de l'épreuve du jour leur seront communiquées avec force détails.

Les conditions météorologiques actuelles sont analysées. Des prévisions un peu hasardeuses sont avancées quant à l'évolution probable de celles-ci au cours de la journée, l'ingénieur météo de service n'est pas des plus optimiste malgré une première approche favorable.

Un rapide rappel du règlement général du concours clôture l'exposé relatif au choix de l'épreuve du jour. Chacun note scrupuleusement tous les renseignements qui lui semblent utiles dans un silence religieux et un recueillement où les pilotes se concentrent, la course au succès et aux places d'honneur est déjà commencée.

Malgré un assez faible vent et un ciel légèrement couvert, le temps n'est pas souriant pour les vélivoles. Ce ne sera pas une journée « fumante » comme on en connaît parfois en cette saison et que l'on avait osé espérer pour cette occasion.

Le choix de l'épreuve tient largement compte de cet impératif incontournable, ce sera un simple vol en distance libre qui se déroulera pour débuter les hostilités. Les pilotes n'ont donc aucun repère préalablement fixé à survoler ou à identifier, les points seront attribués tout bêtement en fonction de la distance parcourue, distance mesurée en ligne droite sur la carte sans tenir compte du trajet réel que le planeur aura effectivement effectué lors de sa prestation.

Des cartes fleurissent sur les ailes des appareils, bientôt les premiers concurrents s'installent à bord. Les démarreurs entrent en action, les remorqueurs font de nouveau entendre la chanson de leurs moteurs en vibrant de toutes leurs fibres sous les tours d'hélice. Les avions roulent doucement, se mettent en place devant les planeurs, les câbles sont déroulés et le lien s'établit entre les machines.

C'est maintenant l'impressionnant départ tant attendu de l'armada, six attelages prennent l'air presque simultanément. La piste est devenue un actif tremplin, le spectacle est commencé. La ronde disciplinée des avions est engagée, accompagnée des commentaires avisés et précis du speaker qui essaie de communiquer aux spectateurs un maximum d'informations sur le déroulement de l'épreuve en cours et celles à venir. Les renseignements utiles, et inutiles, affluent sans discontinuer, les curieux qui ont fait l 'effort de se déplacer pour assister au spectacle aérien, sont abreuvés en explications de toutes sortes, nous connaissons même le nom du pilote qui pique vers le sol avec son avion et le câble en remorque qui fouette l'air derrière lui alors que le planeur qui le suivait est désormais libre d'évoluer à sa guise et de tenter un départ vers l'aventure et l'inconnu aérologique.

En moins de trente minutes les cinquante participants sont largués. Quelques-uns uns avouent un faux départ et se reposent après seulement quelques minutes de vol. Ces malchanceux viennent rompre la synchronisation presque parfaite du ballet aérien, ils ont recours au second départ autorisé afin de rejoindre le manège des voiliers de l'azur qui tournoient au-dessus de nos têtes en essayant de trouver la « pompe » de service et d'accrocher sous les rares cumulus qui parsèment le ciel.

Le concours est bien lancé, chacun a sa part de chance, que le meilleur gagne…

Peu à peu les remorqueurs s'effacent, l'espace se vide. Les plus audacieux, estimant le moment propice, ont risqué un départ hasardeux au-dessus de la nature avec le secret espoir de trouver une autre ascendance, puis encore une autre…, afin de mettre le plus de kilomètres possibles entre eux et l'aérodrome qu'ils viennent de quitter. La course ressemble à une fuite en avant…

Certains se contentent de suivre docilement le nuage qui leur sert de tremplin et qui dérive doucement au grès du vent. C'est une méthode sûre, mais certainement peu efficace quant aux résultats possibles.

C'est maintenant l'attente plus ou moins longue qui s'installe près du téléphone réquisitionné pour l'occasion. Un essaim d'équipiers se forme et papillonne autour de l'unique récepteur disponible sur l'aérodrome.

Un commissaire désigné par l'organisation est seul responsable de cette importante tâche. Lui seul est investi de droit de se saisir du combiné à la moindre sonnerie de son vibreur.

Les équipes secondant chaque concurrent sont représentées et se tiennent en état d'alerte permanente. La remorque est attelée à la voiture dont le plein est complété, tout est fin prêt afin de prendre la route au moindre appel de leur poulain.

Le planeur est l'un des rares appareils classés « plus lourd que l'air » à utiliser une forme d'énergie naturelle à l'état pure. Les ascendances sont ses seuls moyens de locomotion, elles sont capricieuses et insondables.

Dès que les conditions aérologiques se détériorent, dès que son pilote se laisse surprendre à trop basse altitude sans retrouver l'ascendance qui lui permettrait de reprendre un peu d'altitude et d'aller encore un peu plus loin, la seule ressource qui s'offre à lui est l'atterrissage en campagne. Le premier champ suffisamment dégagé se trouvant à portée d'ailes est le bienvenu en lui permettant de reprendre contact avec le sol sans dangers réels.

Un pilote, aux commandes d'un avion ou d'un planeur, doit toujours garder à l'esprit cette éventualité d'un atterrissage hors d'un aérodrome si le moindre ennui, mécanique ou autre, survenait au cours d'un vol. La nature du paysage, si beau soit-il, le relief survolé, doivent presque instinctivement lui attirer cette simple réflexion :

— si j'avais une panne à l'instant même, que ferai-je ? où irai-je me poser ?

Cela éviterait certainement l'effet de surprise qui pousse à la décision hâtive et à la faute, le pilote momentanément en difficulté garderait tout son sang froid et ne serait pas préoccupé par le simple fait d'avoir à prendre rapidement une décision pour laquelle il ne se serait pas préparé.

Pour le vélivole entraîné, cela est une constante réalité, il n'a aucun autre moyen de défense devant cette éventualité, la décision d'arrêter le vol impose d'elle-même l'atterrissage en campagne, dans les champs. Cette procédure fait partie intégrante de sa formation de base. Il connaît sa machine, ses possibilités, il ne lui faut pas beaucoup d'espace dégagé afin de rejoindre la terre ferme en toute sécurité.

La sonnerie du téléphone retentit, rapidement le message est noté, un papier circule de main en main, nous y lisons un numéro, celui de l'appareil à l'origine de l'appel, le lieu précis de l'atterrissage complète les informations avec la forme de dépannage demandé par le pilote.

C'est le départ précipité des équipiers, ils s'engouffrent dans la voiture qui démarre en entraînant la remorque dans son sillage. Une fois sur place, le planeur sera démonté en un tour de main par les spécialistes, chaque élément est disposé sur son berceau spécialement étudié pour qu'il ne souffre pas du transport et ne subisse aucun dommage durant celui-ci.

C'est un spectacle qui ne manque jamais d'audience et c'est le retour à l'aérodrome après avoir réglé tous les problèmes administratifs et tous les détails de procédure que la présence des gendarmes et du propriétaire du champ impose. C'est toujours avec un certain succès que s'effectue cette délicate opération, de même que les traversées des villages sous les regards curieux et amusés des habitants.

Peu à peu les appels téléphoniques affluent, le seul combiné disponible sur l'aérodrome vient à peine d'être raccroché que de nouveau sa sonnerie se déclenche et relance la manœuvre. La demoiselle des PTT de service au standard régional ne va pas avoir le temps de s'ennuyer et connaîtra certainement par cœur le numéro de l'aérodrome.

Certains concurrents ne sont qu'à quelques kilomètres d'ici, d'autres volent toujours, tournant le dos à leur point de départ afin de comptabiliser un maximum de kilomètres, donc un maximum de points.

Les unes après les autres les voitures démarrent, c'est le dépannage à la chaîne. L'aire de stationnement est pratiquement vide et le calme règne provisoirement alors que l'après midi bascule dans la soirée.

Seuls quelques servants attendent toujours, la mine réjouie, leur pilote tient toujours l'air, mais leur intervention risque d'être tardive et plus lointaine, il leur faudra travailler en nocturne…

Les heures s'écoulent, le soleil a déjà bien entamé sa courbe descendante, bientôt quelques planeurs rejoignent leur emplacement où ils sont rapidement extraits de la remorque, remontés et remis en état de vol, prêts à reprendre l'air pour une nouvelle expérience, ce sera pour demain.

Certains, plus prudents, ou plus chanceux, ont rejoint un aérodrome voisin proche de leur trajectoire choisie. Le démontage ne s'impose pas, un avion remorqueur décolle rapidement, un câble dans sa soute à bagages, pour aller le quérir si la nuit n'est pas trop proche et laisse tout le temps pour effectuer la manœuvre ainsi que le voyage aller et retour, autrement, ce sera pour demain matin à l'aube, de très bonne heure afin de ne pas pénaliser le concours qui doit se dérouler suivant le programme précédemment prévu.

Pour d'autre encore, ceux qui sont venus ici en vol, par la voie des airs et pour qui aucun véhicule de dépannage n'est affecté, il leur faudra attendre de connaître la position exacte de pratiquement tous les concurrents avant de compter sur la bonne volonté d'un équipage disponible et volontaire. Déjà des contacts ont été pris et cela ne posera pas de gros problèmes, la solidarité existe dans le milieu vélivole. Une solution sera rapidement trouvée, à charge de réciprocité, cela se terminera par une tournée au bar de l'aéro-club toujours ouvert pour ces occasions…

* * *

Depuis quelques mois l'aéro-club possède un Stampe SV4 équipé spécialement pour le remorquage des planeurs. C'est l'un des nombreux survivants d'une longue lignée d'avions qui ne se fabriquent plus depuis plusieurs années déjà. La besogne est dure pour un appareil ne disposant que de 140 chevaux seulement sous le capot. La montée se fait pratiquement toujours plein gaz. Toute la puissance disponible est nécessaire pour tirer un planeur école du genre Bijave ou C 800, après, c'est la descente plus ou moins rapide qui amuse parfois le pilote en se défoulant de la grande concentration précédente.

Il faut effectuer un maximum de remorqués dans un minimum de temps lorsque les conditions aérologiques sont favorables à la pratique de ce type de vol. Il ne faut pas faire attendre le planeur qui patiente sur la piste, une aile au sol.

La mécanique souffre dans ces difficiles conditions de travail, le cylindre arrière de ce moteur en ligne, le moins refroidi puisque masqué par les trois autres, n'apprécie pas les chocs thermiques qui se succèdent à un rythme élevé et la rupture de celui-ci vient d'entraîner le changement du groupe motopropulseur de cet avion.

Après une révision générale de la mécanique, une période de rodage est fortement préconisée avant d'envisager l'utilisation de l'appareil au service des vélivoles.

Quelques pilotes confirmés et entraînés se relaient aux commandes du Stampe afin d'effectuer ces heures indispensables au bon fonctionnement de la mécanique. Le récent stage à Challes les Eaux que Francis vient de vivre fait qu'il est tout à fait à l'aise en verrouillant son parachute avant d'escalader le fuselage pour s'y installer.

Avec l'accord du chef pilote, Jean-Claude l'accompagne dans cette aventure, lui n'a jamais eu l'occasion de voler à bord d'un tel biplan. Il occupera même la place arrière, celle du pilote, Francis s'installera à celle de l'instructeur.

En Savoie, il faisait très froid lors des six semaines de séjour en Centre National, il a effectué plus de trente heures de vol sur ce type d'avion, et ce, dans des conditions souvent difficiles et parfois même pénibles. Depuis, il n'a plus jamais eu l'occasion de revoler sur cette merveilleuse machine qui semble sortir d'un autre temps mais dont les qualités de vol n'ont jamais été égalées. C'est donc avec un réel plaisir non dissimulé qu'il assure son serre-tête et les sangles qui lui permettront de faire corps avec l'avion.

— contact !

La grande hélice en bois vernis entre en rotation, un nuage de fumée bleuâtre s'évade de pipes d'échappement. Les pétarades deviennent plus régulières, après un moment d'hésitation le moteur fonctionne correctement.

Malgré son jeune âge, Jean-Claude est plus grand que Francis qui a oublié de grandir et plafonne à 155 centimètres, le jeune homme a donc une meilleure vision vers l'extérieur et l'instructeur lui laisse le soin de diriger l'avion au sol. Devant la visibilité est totalement nulle, pour éviter tout obstacle il faut se pencher sur le côté, la tête dans le vent et effectuer d'incessants zigzags afin d 'assurer un maximum de sécurité.

Pour Jean-Claude, ce sera une leçon un peu spéciale, le Stampe le permet. Pour débuter, une prise en main est nécessaire, chaque avion a ses réactions propres, ses particularités spécifiques, sa personnalité et le SV4 est un peu fougueux, c'est un pur-sang de l'air. Avant de le maîtriser parfaitement il faut apprendre à le connaître. Il faut le piloter avec beaucoup de précision et de respect sans cela il risque de se montrer impétueux.

Dans le cadre de cette première phase de vol ils survolent la campagne environnante. Dès le décollage ils prennent un cap sensiblement sud-ouest qui correspond à la direction empruntée par la majorité des concurrents avant de disparaître à la vue des observateurs. L'élève se débrouille bien, les interventions de Francis sont limitées, il se contente simplement de préciser certains points caractéristiques du maniement de la « bête » qui, parfois, semble encore lui échapper un peu.

De loin en loin les grandes ailes blanches d'un planeur tracent une croix au beau milieu d'un champ ou d'un pré. Des curieux l'entourent, pour eux c'est un événement sans précédent, c'est certainement la première fois qu'ils approchent de si près un planeur qu'ils n'ont l'habitude de voir qu'évoluant très haut au-dessus de leur tête. Cela leur donnera un sujet inhabituel de conversation totalement nouveau pour eux, le soir venu. Ces machines volantes ne font pas partie de leur environnement ni de leur horizon habituel.

Le pilote semble préoccupé, il surveille étroitement son appareil, il serait réellement dommage, à la suite d'un atterrissage impeccable, sans la moindre anicroche pour l'homme et la machine, que des dégâts soient causés involontairement par un excès de curiosité. La structure est fragile, le revêtement de l'aile ou du fuselage ne supporte absolument pas le poids d'un badaud qui s'appuierait inconsciemment dessus, seulement pour mieux voir, entre deux nervures de renfort où la plainte du fin contre-plaqué qui craque ponctue la maladresse. Classique aussi le pied qui passe au travers de la toile à deux enjambées de l'extrémité de cette aile que l'on n'a pas voulu contourner, impatient de faire le tour complet de la machine volante.

En règle générale, un pilote se disposant à aller « aux vaches », choisit un terrain qui lui semble favorable, proche d'un lieu habité, si possible en bordure d'une route ou d'un chemin praticable facilement accessible à la voiture et à la remorque…

Cette maison toute proche est certainement pourvue d'un téléphone ? l'aérodrome sera rapidement prévenu et la tâche de l'équipe de dépannage facilitée, elle ne tardera pas à intervenir grâce au respect de ces quelques petits détails d'ordre pratique qui rendent les choses beaucoup plus aisées tout en étant très faciles à appliquer.

Jean-Claude commence à se sentir beaucoup plus à l'aise aux commandes de la machine, il la dompte parfaitement maintenant, ses virages à la verticale de chaque planeur qu'ils visitent sont significatifs pour le jeune instructeur qui l'accompagne.

Ils profitent de leur situation privilégiée pour lire et noter le numéro de chaque concurrent ainsi repéré, cela permettra de confronter leur liste ainsi établie avec celle des appels téléphoniques dès le retour au terrain.

Ils abandonnent l'exploration systématique des champs à la recherche des planeurs, cela les amènerait trop loin de la base et ils reprennent un cap retour qui les rapprochera de l'aérodrome tout en travaillant la maniabilité de l'appareil.

Ce n'est pas tous les jours qu'ils peuvent disposer d'un Stampe pour faire une leçon de pilotage, ils profiteront donc de l'occasion afin d'étudier une phase complémentaire du programme, rarement passée en revue par faute d'avion autorisé à effectuer l'autorotation.

Cette fameuse vrille, que malheureusement très peu de pilotes d'aéro-clubs connaissent, est la hantise de la grande majorité d'entre eux. Jean-Claude ne la connaît que de nom et, grâce à l'interphone, Francis lui explique le processus technique qui entraîne cette évolution anormale et parfois dangereuse tout en lui enjoignant de prendre de l'altitude. Bien des légendes injustifiées ont été propagées et colportées sur cette figure de vol inhabituelle et spectaculaire dans ses manifestations parfois désordonnées mais facilement maîtrisables et récupérables lorsque l'on connaît les causes aérodynamiques.

Très peu d'aéro-clubs possèdent un avion apte à l'étude de cette délicate leçon de pilotage incluse dans la méthode française d'instruction au pilotage. Tout pilote devrait la connaître afin d'être facilement à l'aise dans certaines configurations de vol normales sans redouter son apparition et les traîtrises que peuvent engendrer les caprices de la troisième dimension.

Les JODELS et EMERAUDES, qui constituent actuellement la principale structure de ces associations, ne sont pas conçus pour cela, et, s'engager avec ces machines dans de telles évolutions relève de la folie pure et simple.

Le sol s'éloigne, bientôt les aiguilles de l'altimètre indiquent 1200 mètres, c'est le minimum de hauteur que Francis s'est fixé pour engager cette figure. Ils sont maintenant suffisamment haut et la sécurité sur ce plan là est assurée. Quelques virages assez inclinés permettent d'explorer les environs, aucun risque d'abordage n'est à redouter, le secteur est apparemment libre, surtout en dessous, ils vont pouvoir entamer les évolutions.

L'interphone de bord est bien pratique pour établir un dialogue difficilement réalisable entre les deux places en tandem. Suivant les instructions, Jean-Claude amène l'avion au point de décrochage, manche fermement maintenu vers l'arrière le capot monte au-dessus de l'horizon dans une position inhabituelle. Le Stampe frémit et bascule franchement vers l'avant, rapidement, sans aucune brutalité. Vite, c'est le bon moment, une prompte action sur le palonnier le met en rotation. Le moteur est plein réduit, l'avion entame une spirale descendante très serrée et tournoyant sur lui-même, telle une feuille morte qui vient de se détacher de sa branche. La terre se rapproche dans un tourbillon de paysages fugitifs. L'appareil a fait plus d'un tour et l'aiguille de l'altimètre indique qu'il serait prudent de sortir de cette inconfortable position. Une franche action de Francis sur les commandes et le Stampe reprend une configuration de vol plus conforme à la normale. L'horizon est de nouveau bien à sa place habituelle devant eux, sur le repère capot.

— ça va Jean-Claude ?

Un rapide coup d'œil dans le rétroviseur placé entre les deux ailes, accroché au réservoir d'essence, sur le plan supérieur, permet à Francis de constater que son élève a très bien supporté l'épreuve et que ces quelques secondes de vol en conditions inhabituelles d'où les accélérations anormales n'étaient pas exclues, ne l'ont pas marqué physiquement.

— Oui, ça va très bien, mais je n'ai pas tellement suivi la manœuvre, ça va trop vite !

— Si tu veux, nous allons recommencer ?

— d'accord, on y retourne !

— bien, reprends de l'altitude.

Le moteur vrombit de nouveau et le capot est reparti à l'assaut du ciel. Le premier tour de vrille semble avoir conquis le jeune homme, il n'est pas gêné le moins du monde à voltiger ainsi dans les trois dimensions, empruntant au passage des positions momentanément incontrôlables, seul l'arrêt de le manœuvre est parfaitement maîtrisable par le pilote.

Ainsi trois ou quatre autorotations sont effectuées à la suite l'une de l'autre tout en se rapprochant de l'aérodrome qui offre ses deux pistes en croix dans le lointain. Il a pris goût à cette leçon particulière que beaucoup d 'élèves n'apprécient pas du tout.

Jean-Claude est ravi d'avoir pu profiter de cette aubaine, il a ainsi comblé une lacune et complété sa formation de pilote en étudiant cette fameuse leçon numéro 20 du programme officiel de l'instruction, suivant la traditionnelle méthode « Challes les Eaux ».

Il ne fallait absolument pas laisser échapper cette occasion unique qui se présentait à eux, lorsque le moteur du Stampe sera considéré comme rodé, l'avion sera de nouveau affecté à la section « vol à voile » et il ne sera plus possible de le récupérer de temps à autre pour l'école de pilotage, même pour étudier cette leçon qui sera laissée une fois encore totalement dans l'ombre.

Il est bien dommage que les aéro-clubs ne possèdent pas le matériel nécessaire et soient obligés d'ignorer cette leçon. Elle est portant indispensable à la bonne formation d'un pilote, ne fusse-t-il privé…

* * *

Dimanche matin, l'aube naissante apporte un présage encourageant quant aux conditions météorologiques à venir. Le scénario de la veille est bien rodé et se déroule sans aucune surprise.

L'épreuve choisie aujourd'hui sera l'une des plus difficile à réaliser actuellement. La sélection s'effectuera d'elle-même tout au long d'un triangle de navigation dont la somme des distances des trois branches totalisera plus de cent kilomètres.

L'attribution des points est simple, un maximum sera affecté au pilote ayant couvert le circuit en un temps minimum. Quant aux nombreux malchanceux qui ne rallieront pas leur point de départ après avoir survolé les points de virages désignés, ce sera la distance parcourue sur le trajet prévu qui permettra de les départager et qui comptera pour le classement de cette épreuve.

Le même principe prédomine toujours, il s'agit de tenir l'air le plus longtemps possible en alignant les kilomètres, exploitant au mieux les ascendances qui se présentent et en osant les quitter en quête d'espace dans l'espoir toujours présent de retrouver bientôt une nouvelle zone favorable afin de recommencer l'opération de reprise d'altitude et d'aller encore un peu plus loin.

La ronde sonore et incessante des avions remorqueurs commence, le ciel se meuble d'insectes étranges et bruyants. Le manège de la veille se renouvelle au-dessus des têtes suivant un rythme accéléré, comme dans un film ancien que l'on visionnerait pour la énième fois.

Deux appareils de l'aéro-club local décollent tour à tour dans un petit créneau laissé libre entre deux départs de concurrents. Ils prendront la direction des aérodromes voisins désignés comme point de virage à chaque sommet du triangle défini pour l'épreuve du jour. Tous les mouvements des planeurs seront ainsi contrôlés par ces commissaires chargés de vérifier le déroulement correct de la compétition.

Pour assumer cette charge, chacun d'eux est armé d'une paire de jumelles afin de scruter le ciel à la recherche d'un concurrent. Dès qu'un planeur sera repéré, il lui faudra l'identifier sans coup férir, relever son numéro marqué sous les ailes sans aucune contestation possible et noter scrupuleusement l'heure exacte du survol de ce point de virage obligatoire préalablement défini.

Cette tâche n'est pas très aisée, aucun appareil en course n'est équipé de radio VHF pour communiquer sa position et aider à son identification lors de son passage. Certains passeront très haut dans le ciel au-dessus des têtes, sans faire de bruit… Le droit à l'erreur n'est pas permis afin d'assurer une régularité sans faille du classement qui viendra sanctionner cette épreuve sélective.

Le manque de contact direct entre les concurrents et les organisateurs sera à éliminer dans les compétitions futures par l'utilisation de liaisons radios, pour l'heure, seulement la vigilance de l'homme est mise en cause lors de contrôles. Par sagesse, il a été commandé à chaque pilote de se munir d'un appareil photographique, il lui suffira d'appuyer sur le déclic à chaque passage à la verticale du point caractéristique pour prouver la trajectoire réelle du vol. Ces documents seront développés par un photographe local suivant des consignes très strictes, le film devra être conservé en entier, toute découpe d'image supprimerait l'ordre chronologique des passages et compromettrait le contrôle de la vérité.

Bientôt le ciel se vide et seuls quelques planeurs isolés cherchent encore l'ascendance providentielle qui leur permettra de se lancer pleinement dans l'aventure du jour. La sélection s'opère naturellement, les plus hardis sont déjà très loin dans le ciel, ou au « tapis »…

Maintenant le cirque vélivole se fait plus discret, des avions arrivent et atterrissent l'un après l'autre. Cette après midi un mini meeting aérien se déroulera sur l'aérodrome afin de meubler l'espace laissé libre par le départ des concurrents.

Des invitations ont été lancées à la ronde, quelques pilotes confirmés se sont portés volontaires pour présenter tel ou tel appareil qu'ils connaissent parfaitement. Pour certains, cela n'est pas dénué d'arrière pensée commerciale, ils viendront ici afin de mieux faire connaître les fabrications qu'ils réalisent ou qu'ils diffusent. Nous assisterons aux évolutions de prototypes venant à peine de terminer leur cycle d'essais en vol.

Les curieux qui se presseront cette après midi derrière les barrières ne seront pas déçus par leur déplacement. Il est aussi escompté d'en tirer un large potentiel de baptêmes de l'air, la publicité parue dans les quotidiens régionaux n'exclue pas cette éventualité. Le spectacle aérien a encore ses adeptes, la grande foule apprécie toujours les évolutions à sensations que certains pilotes aiment à effectuer, faisant frémir, confondant un instant la piste d'un aérodrome et celle d'un cirque…

Le soleil darde ses rayons bienfaisants sur le plateau où se nichent les installations de l'aéro-club. Le pique nique s'organise, c'est le moment de repos et de délassement que les organisateurs, toujours sur la brèche, apprécient fortement.

Cette décompression ponctuelle apportera une légère bouffée de détente dans le tourbillon oppressant de ces journées de concours sportifs. Seuls, quelques-uns uns d'entre eux se sacrifient afin d'assurer une permanence durant la pause de la demi-journée. Pour les autres, c'est l'oubli momentané des charges qui pèsent sur leurs épaules. Ils n'ont pas ménagé leur peine et leur temps, ils sont tous bénévoles, rien ne doit venir gripper l'engrenage minutieux mis au point par un laborieux et précis travail de préparation, aucun grain de sable ne doit venir entraver les rouages du concours.

Les obligations annexes apportent leur lot de problèmes. L'intendance éprouve quelques difficultés à suivre le mouvement. Les pilotes engagés ne constituent qu'une faible partie de la masse humaine mise en oeuvre pour la réalisation d'une telle compétition dont le déroulement est étalé sur trois jours consécutifs. Chacun d'eux est entouré d'une équipe de trois ou quatre personnes qu'il faut diriger et renseigner sur ce terrain qui n'est pas le leur et dont tout, ou presque, leur est inconnu, ce ne sera que lors de la dernière journée que des habitudes commenceront à percer et que quelques-uns auront retrouvé leurs marques.

Déjà quelques appels téléphoniques viennent interrompre la quiétude relative du repas. Des équipes de dépannage quittent précipitamment la table et partent sans délai avec la voiture d'où la remorque est restée attelée, prête à prendre un départ immédiat dès le moindre signal.

Peu à peu l'animation reprend le dessus, la vie trépidante, un moment interrompue, s'établit de nouveau sur la piste et les abords. Les appareils de l'aéro-club commencent à effectuer leurs rotations au circuit bien défini autour de l'aérodrome avec leur chargement de baptêmes de l'air. La table qui fait office de bureau d'enregistrement pour les inscriptions des candidats au vol est un moment submergée par les amateurs qui affluent par vagues.

Les organisateurs ont la grande chance de compter parmi les invités de marque quelques pilotes bien connus dans le milieu aéronautique. Jacques Gomy, le chef pilote du centre interclubs de Beynes, que Francis a eu l'honneur d'avoir comme passager ce matin même à bord du DR

1050 avec lequel il est allé le quérir sur un aérodrome de la région parisienne, fait admirer toute sa dextérité aux commandes de son planeur Super Javelot, dernier prototype de la société Wassmer.

A cette occasion il essaiera de mettre définitivement au point un nouveau système spectaculaire de visualisation de sa trajectoire en vue des prochaines présentations publiques de son appareil lors d'une série de meetings prévus à l'intérieur de l'hexagone. A chaque extrémité des ailes de son planeur, il a fixé un fumigène d'une couleur différente pour chaque côté, genre feux de Bengale, c'est dans un merveilleux entrelacement d'arabesques ainsi obtenues qu'il évolue en une suite ininterrompue de figures de voltige aérienne que son appareil lui permet d'effectuer sans sortir de son domaine de vol. Chacun, connaisseur ou non, ne peut qu'apprécier à sa juste valeur la précision et l'aisance de son pilotage, qui, poussé à ce point deviennent véritablement de l'art.

C'est sur Stampe qu'il enchaînera sans aucun problème, avec seulement la coupure indispensable nécessaire au changement d'appareil. Avant de s'installer à bord, il a avoué qu'il n'avait pas touché le manche d'un SV 4 depuis quelque temps, cela n'a pas l'air de l'inquiéter outre mesure, c'est donc sans entraînement préalable qu'il s'installe et décolle pour le plus grand plaisir de l'assistance.

C'est un véritable festival aérien qu'il offre aux spectateurs ébahis qui peuvent admirer ses évolutions au-dessus de leurs têtes. Le pilote exceptionnel met tout en oeuvre afin de convaincre de ses incontestables dons pour la voltige qui, un jour, un peu plus tard, le trahira et il paiera de sa vie cette passion dévorante du vol.

* * *

Un grand oiseau d'allure bizarre spirale à la verticale de l'aérodrome. Un numéro peint en noir sur fond blanc se détache distinctement sous les ailes, pourtant, ce n'est pas un concurrent de la compétition qui se déroule actuellement sur le terrain. Cette silhouette inhabituelle ne correspond à aucun planeur basé temporairement sur la plate-forme.

Le site doit satisfaire le pilote qui bientôt, après un dernier virage serré, pose son élégante machine devant les installations, en dehors de tout balisage réglementaire. La précision de ses manœuvres prouve que l'homme aux commandes n'est pas un débutant en la matière et qu'il maîtrise parfaitement sa machine. Il vient échouer délicatement son voilier de l'azur aux pieds des responsables du parking, à deux pas du hangar, sans déranger. Le dernier souffle de la vitesse relative s'éteint, la portance l'abandonne totalement et une aile se laisse choir sur le sol, comme un oiseau blessé qui abandonne la lutte après un dernier sursaut pour se rapprocher de la vie.

Francis constate avec surprise qu'une immatriculation étrangère orne sa dérive, la première lettre est un D, aucun doute n'est permis, il est en présence d'un planeur venant d'outre Rhin.

Sa conclusion hâtive, mais néanmoins logique, est confirmée par le pilote qui émerge de l'étroit habitacle qui vient de s'ouvrir, il ne parle pas la langue locale et ne comprend pas un traître mot de français. Carte en main il tente en vain d'expliquer son aventure en relatant son voyage, ce n'est pas le plus simple maintenant qu'il est au sol. Nerveusement ses doigts se promènent sur la carte en suivant un trait nettement marqué au crayon gras qui remonte vers le nord est, très loin au-delà des frontières.

Un militaire basé à Fontainebleau, interprète à l'état major de l'OTAN, intervient et sort l'assistance, et le pilote, de l'embarras. Ils apprennent bientôt qu'ils viennent et d'être les témoins d'un exploit hors du commun. L'appareil a décollé ce matin, dès l'aube naissante, à l'aide d'un treuil..., d'un petit aérodrome allemand des environs de Cologne, dans la vallée du Rhin. Les vents et les ascendances lui ont été favorables et un record national de distance vient de tomber par le simple coup d'aile d'un oiseau migrateur en quête d'aventure et d'espace.

Les barreaux fictifs de sa cage se sont écartés devant sa détermination et les conditions aérologiques du moment. Les frontières se sont inclinées sous lui, le problème de langue, quant à lui, n'en est plus un grâce à la présence de l'interprète qui est lui aussi pilote de planeur au sein d'un aéro-club basé sur ce terrain. C'est totalement par pur hasard que ce nouvel arrivant s'est posé ici, à bout de ressources, alors que l'on fêtait le ciel par une manifestation aéronautique, au beau milieu des planeurs qui s'éparpillaient à la recherche d'une hypothétique ascendance.

Les vélivoles présents ne sont pas au bout de leurs surpris, le pilote ne semble nullement inquiet quant à son retour chez lui, son organisation est parfaite et ne laisse rien au hasard. Il est inutile d'avoir recours au téléphone, une voiture et une remorque le suivent par la route depuis le départ. Dans quelques heures ils seront là avec toute une équipe pour assurer le dépannage.

Dès que le but du voyage s'est imposé à lui, dès que le pilote a senti qu'il y avait quelque chose de grand à faire aujourd'hui, la radio de bord s'est mise de la fête et le contact avec sa base initiale. Depuis cet instant même, un équipage terrestre, muni lui aussi d'un poste émetteur/récepteur réglé sur une fréquence propre, le suit heure par heure grâce aux indications communiquées par le pilote par la voie des ondes. Au passage de la frontière, il sera chargé d'effectuer la procédure de la frontière pour l'engin qui passera tout droit, très haut au-dessus des douaniers.

Au dernier moment, juste avant de sortir les aérofreins et d'entamer la descente finale, tout était prévu quant à la récupération. Le chauffeur de la Mercédes connaissait le lieu de rendez-vous où il retrouvera le planeur et son pilote confortablement installé devant le bar de l'aéro-club, dégustant une bière française. Le téléphone perd une de ses prérogatives devant cette innovation technique. L'attente est réduite au plus strict minimum par cette nouvelle méthode de liaison qui deviendra pratiquement obligatoire par la suite.

Rapidement la machine disparaît au milieu d'un cercle mouvant et gesticulant de spécialistes qui essaient de comprendre… Chacun veut voir la « bête » de plus près, la toucher, admirer ses lignes parfaites et pures. Cet oiseau venu d'ailleurs semble n'être ici que pour se faire admirer, pour faire le beau, il semble narguer ses admirateurs et leur dire :

— regardez-moi, comme je suis joli, comme mon fuselage est élégant, comme mes ailes sont fines et élancées…

Il est indéniable que l'ensemble est agréable à observer, frêle et délicat comme les grandes pattes d'un échassier. Il en ressort une indéfinissable impression de beauté et de pureté dans les lignes, de majesté même… Sous la bulle de Plexiglas l'emplacement réservé au pilote, à l'homme, semble ridiculement petit et étroit, presque inconfortable, celui-ci ne dispose que de très peu de place pour s'installer, pour étendre ses jambes dans une position pratiquement allongée sur le dos. Cette disposition inhabituelle laisse un fuselage sans excroissance et sans raccord une fois l'habitacle fermé, la ligne est continue et pure, sans aucune rupture de profil. La verrière elle-même s'inscrit dans l'harmonie des formes aérodynamiques de l'ensemble.

La recherche d'une finesse maximum est accentuée par un équipement peu commun sur ce type d'appareil mais très esthétique en évolution ; la seule roue principale, placée sous le fuselage, est rétractable en vol et une trappe vient obstruer le logement.

Poursuivant la visite, notre attention est un instant retenue par l'empennage, sa conception vient rehausser l'originalité et le cachet personnel de la machine, sa partie horizontale est perchée au sommet de la dérive verticale, vue de face, c'est un grand T qui s'inscrit sur l'horizon.

Cette attraction tombée du ciel, non prévue au programme officiel, prouve le côté purement sportif de ce duel entre les hommes dans leurs planeurs et les éléments naturels qui défendent âprement leurs prérogatives de cette troisième dimension jusque là inviolable que par les oiseaux, conçus spécialement pour cela par la nature. Certains hommes ont l'impudence d'essayer de l'observer, de la combattre, de la contourner et de la vaincre parfois même en décelant la moindre faille qui leur permet de s'infiltrer en son sein et d'utiliser au mieux cette débauche d'énergie déversée anarchiquement par un système aérologique incontrôlable.

C'est un long et délicat combat qui s'engage alors, la feinte aidant, la rage de vaincre devient l'unique support de l'exploit. Les kilomètres s'additionnent. A partir d'un certain moment l'homme ressent une légitime fierté l 'envahir, il ressent ce goût amer et inégalable que laisse une victoire inutile mais saine, toute sensibilité dehors il lui faut alors poursuivre encore afin d'affiner ce succès et d'affirmer sa supériorité éphémère.

Le ciel est un hôte très exigeant et très susceptible. Il ne reçoit pas tous les jours avec le sourire. Parfois il est prudent de refuser une invitation facile qui peut rapidement dégénérer et se transformer en un piège insidieux et traître. D'autre fois, sous son masque nuageux, cette invitation n'est pas des plus évidente, il faut la deviner, la démasquer, alors tous les éléments sont réunis pour une somptueuse réception. C'est à l'homme aux commandes, et à lui seul, de juger, d'oser. L'exploit, malgré son apparente facilité, n'est pas toujours à la portée de tous, contrairement à ce que voudrait prouver l'arrivée intempestive de ce visiteur, aujourd'hui très peu de concurrents de l'épreuve en cours n'ont eut des vents favorables et sont rentrés au terrain après avoir rempli le contrat du jour imposé par le règlement.

Le grand projecteur s'est éteint, le rideau est tombé sur la scène, la nuit est revenue maintenant sur l'aérodrome qui peu à peu sombre dans le calme et l'obscurité, troublé agréablement de loin en loin par la douce mélodie d'un rossignol.

Les quelques équipages libérés de leurs servitudes se retirent peu à peu du cercle qui entoure le feu de bois qui crépite au même endroit qu'hier soir. Le joueur d'harmonica n'est pas là, il doit être sur la route à la recherche de son pilote qui s'est posé « aux vaches » à une cinquantaine de kilomètres d'ici, plus au sud.

La fatigue commence à laisser son empreinte sur le dynamisme de chacun, un repos réparateur est bien mérité remettra tout le monde sur pied avant d'affronter la dernière journée du concours. Demain les jeux seront terminés, la conclusion surviendra à la suite de la mini épreuve prévue le matin seulement.

Tard dans la nuit des équipes de dépannage regagnent le campement, ponctuant leur arrivée de pétarades de moteur qui troublent le calme relatif des lieux. Des voix à peine chuchotées donnent des ordres brefs et précis en essayant de respecter au mieux le repos de ceux qui ont déjà sombré dans le sommeil réparateur que les nouveaux arrivants envient.

Certains n'auront droit qu'à une infime parcelle de nuit, leur planeur s'en est allé se poser loin d'ici, tardivement, parfois même en dehors du tracé au sol de l'épreuve. Le pilote, attiré par le piège des cumulus hypothétiques, n'a pas résisté à l'appel de ces sirènes. Le piège s'est refermé, un espace de ciel bleu a eu raison de sa trop faible réserve de hauteur et ne lui a laissé aucun autre choix que celui de terminer son aventure dans un champ qui lui offrait sa prairie, anéantissant ainsi le secret espoir de « raccrocher » et d'aller encore un peu plus loin.

Que d'illusions se sont ainsi échouées à la vue de ce nuage prometteur que l'alchimie de la nature a fait disparaître tout doucement avant que celui-ci serve de tremplin au voilier de l'azur.

* * *

La naissance d'un nouveau matin éclaire peu à peu un ciel menaçant et paré de son aube des mauvais jours. Le vent s'est levé et agite sèchement la manche à air qui claque au sommet de son mât à chaque assaut des éléments furieux.

L'ingénieur météorologiste n'est pas enclin à l'optimisme lorsqu'il embarque à bord d'un avion, il va effectuer un vol de routine qui lui permettra de sonder et d'interroger le système nuageux local. Ses notes personnelles, ajoutées à l'ensemble des renseignements obtenus après quelques coups de téléphone à un centre principal de la région parisienne, lui permettront de diagnostiquer le types de temps actuel auquel le secteur est soumis. De là il en déduira une prévision aussi précise que possible de l'évolution des éléments aérologiques pour la journée qui s'annonce.

La grisaille n'est pas uniquement dans le ciel, le ressort est cassé, le pessimisme s'installe. La délibération du jury se prolonge anormalement. Les équipages, indécis, espèrent toujours avoir la possibilité d'améliorer leur classement actuel et tentent une épreuve de force en convoyant leurs planeurs en bout de piste.

Jusqu'à midi un éventuel départ en compétition pour un circuit réduit peut être envisagé, il faut être fin prêt. Le sombre rideau crasseux qui s'étire au-dessus des têtes est susceptible de se déchirer d'un instant à l'autre, libérant la nature et laissant le champ libre à une hypothétique apparition du soleil que l'on n'ose même plus espérer.

« Dame météo » peut très bien se tromper, mais hélas, une fois encore le ciel se permet de lui donner raison, le bleu de l'azur reste invisible et se réserve pour une autre journée. L'attente se prolonge, tout le monde est sur le qui-vive, attendant désespérément un ordre de départ qui ne vient pas et qui semble de plus en plus compromis au fur et à mesure que le temps s'écoule. Il devient presque ridicule d'oser espérer encore, cette consigne ne viendra plus maintenant. Au-dessus rien ne se défait dans la couverture grisonnante des stratus qui défilent inlassablement, le soleil est toujours aussi absent de l'horizon.

Des fronts se plissent, comme ce plafond où les nuages ondulent en se bousculant et en se précipitant sans aucune retenue les uns derrière les autres.

Presque amoureusement un pilote bichonne son appareil après l'avoir délicatement déshabillé de sa housse protectrice qui l'a recouvert pour la nuit. Une dernière caresse avec la peau de chamois humide sur la bulle de plastique et le planeur est fin prêt à recevoir son passager et maître qui le contourne avec beaucoup de respect.

Une fois encore le haut-parleur interrompt la musique.

— Rassemblement immédiat de tous les concurrents sous le hangar… !

L'invitation est renouvelée plusieurs fois. Le parking s'anime différemment et les trajectoires convergent vers le point de ralliement désigné. L'un après l'autre les pilotes arrivent au pas de gymnastique, pleins d'espoir et d'inquiétude. Est-ce enfin le départ… ? dans quelques instants ils seront définitivement fixés, le sort en sera jeté une fois pour toutes.

L'exposé météorologique est bref et sans ambiguïté, l'optimisme n'est plus de la partie, aucune amélioration n'est escomptée ni raisonnablement envisageable au cours des heures à venir, la journée a de grandes chances de se terminer comme elle a débuté, avec le mauvais temps… Dans un silence presque religieux, à peine troublé par la respiration haletante des pilotes essoufflés, la sentence s'abat telle un couperet bien affûté. L'ultime épreuve est purement et simplement annulée au grand regret des organisateurs qui comptaient prolonger le suspense de la compétition. Les concurrents seront départagés d'après les notes obtenues lors des deux journées précédentes qui sont déjà très sélectives bien que toutes les possibilités des hommes et de leurs machines n'aient pas été exploitées par ce programme réduit.

Un remous de mécontentement et d'impuissance face aux caprices de la nature anime l'assemblée. Telle une traînée de poudre qui s'enflamme la nouvelle se répand sur tout le territoire de l'aérodrome. Des concurrents déçus voient ainsi s'échapper cette dernière occasion de s'affirmer. Pour certains, c'était là le dernier espoir de raccrocher des points à un total améliorable et de rejoindre le groupe de tête, le groupe des champions…

Avec cette épreuve finale qui n'aura pas lieu, des illusions s'échappent, des rêves s'évanouissent dans la grisaille d'un ciel chargé. Les discussions s'engagent et vont bon train, la résignation s'installe, bientôt le remous provoqué par l'annonce de la nouvelle s'atténue, aucune contestation ne vient contrer cette sage décision, d'ailleurs sans appel. Ce n'est pas de gaieté de cœur que les dirigeants se sont vus contraints et forcés de la prendre, chacun, dans son fond intérieur, sans pour cela l'admettre ouvertement, est entièrement d'accord avec les organisateurs, la sécurité doit toujours avoir le dernier mot.

Une dernière fois durant ce week end le cérémonial du démontage des appareils s'engage. Avec mille précautions ceux-ci sont placés sur les remorques qui les emporteront sur leur aérodrome habituel.

Le concours est bien terminé, les résultats et le classement seront proclamés dans le courant de l'après midi, comme initialement prévu, lors d'un vin d'honneur qui clôturera officiellement cette manifestation aéronautique régionale.

Quelques-uns uns, déjà en place sur la ligne de départ au beau milieu de la piste, avant de plier bagages, s'élanceront dans l'azur, à basse altitude, pour un baroud d'honneur, comme pour saluer brièvement les quelques spectateurs qui se tiennent stoïquement sous la pluie et le vent derrière les barrières, avant de quitter la scène.

La fièvre tombe, l'activité débordante de ces derniers jours s'estompe peu à peu et laisse la place à la lassitude qui profite de la faille que la fatigue accumulée en cette fin de semaine mouvementée a ouverte sans complaisance. L'après midi s'engage tristement, alors que le ciel devient de plus en plus menaçant avec son fardeau de nuages gris et bas, comme pour confirmer la décision des dirigeants et la véracité des observations météorologiques.

Les conditions peu engageantes n'ont pas dissuadé des spectateurs qui se pressent derrière la main courante. La déception risque d'être la seule conclusion de leur présence, piètre récompense pour avoir tenu un programme établi à l'avance que seule la nature non maîtrisable est venue contrarier.

L'aire de stationnement s'est vidée, seuls restent encore les appareils de l'aéro-club local que la réception à venir a chassé de leur abri, ainsi que les avions et planeurs devant rallier leur base en vol, si le temps leur en laisse le loisir, ce qui est encore plus qu'incertain et bien compromis.

La tension est tombée, devant le hangar des groupes vont et viennent, arpentant le bitume du parking normalement réservé aux avions, soupesant les chances de chacun à la vue de leurs résultats obtenus lors des journées précédentes.

Des conclusions hasardeuses sont hâtivement avancées quant au déroulement de ces deux journées vélivoles. Des noms, déjà connus des spécialistes, sont jetés en pâture aux commentaires alors que personne ne connaît exactement les notes attribuées précédemment. Un vague schéma du palmarès s'ébauche et se dégage tout de même des discussions. Le peloton de tête est déjà plus ou moins défini, il faut toujours se méfier des surprises de dernière minute qui contrarient souvent les pronostics avancés avec légèreté et qui, sournoisement font leur apparition alors que l'on ne les attendait plus.

Dans peu de temps l'heure de vérité sonnera, avec son cortège de résultats officiels et de gloire éphémère. Le suspense cessera et le charme accompagnant toute attente sera alors rompu à l'instant même où les haut-parleurs se mettront à grésiller.

Les récompenses

A circonstances exceptionnelles, dispositions exceptionnelles, le hangar va servir de salle de réception. Pour cela il faut lui donner un aspect inhabituel et accueillant. Des parachutes extraits de leurs sacs sont tendus pour tapisser les murs nus de leurs voilures déployées en donnant un air de fête à cette grande salle où règne une ambiance et une activité de kermesse. Bientôt les derniers détails seront réglés et les personnalités officielles arrivent. Certains reconnaîtront entre autres monsieur le Directeur du Service de la Formation Aéronautique qui présidera à la remise des récompenses lors de la cérémonie qui se prépare et qui se précise.

Les grandes portes métalliques sont largement ouvertes et offrent un spectacle plein de promesses. Au beau milieu du hangar une longue table s'aligne parallèlement à l'entrée, son large trait de papier blanc est recouvert d'une multitude de bouteilles de champagne qu'accompagnent des plateaux garnis de gâteaux secs. Quelques épouses des organisateurs s'activent avec fébrilité, elles procèdent à une dernière retouche de l'ordonnancement des choses en plaçant çà et là des plantes vertes et des bouquets de fleurs pour agrémenter l'ensemble d'une touche plus plaisante.

Tout est fin prêt, il ne reste plus qu'aux participants à cette compétition régionale, concurrents, équipages de dépannage et organisateurs de s'approcher en jouant des coudes sous les tôles qui claquent sous les assauts des rafales de vent qui sévissent actuellement.

Et c'est l'avalanche inévitable des discours et des remerciements d'usage sans lesquels une réunion de ce genre, quelle qu'elle soit, n'a pas son point final. L'usage est respecté, la tradition demeure dans toute sa rigueur. Aujourd'hui les orateurs, professionnels et improvisés, ne vont pas faillir à leur devoir.

L'énoncé du palmarès assure logiquement et naturellement la continuité de la cérémonie. C'est le moment attendu par les reporters et photographes de la presse régionale afin d'entrer en action, bousculant un peu de ci de là. Les flashs éblouissants et fugitifs annoncent le début du pacifique mitraillage qui va suivre.

Après un bref commentaire complaisant, la coupe vient consacrer la première place du vainqueur de la main même du député-maire de la ville voisine. Cette cérémonie a été l'occasion, pour ce dernier, de faire connaissance avec les modestes installations de l'aéro-club local et de jauger la place que pourrait occuper une telle association dans le contexte régional des loisirs.

Accolades, applaudissements, la remise des récompenses a tenu son rythme rigide et enjoué à la fois, ponctué, dès l'énoncé d'un nom, par les acclamations de l'assistance et le bref éclair des flashs qui fixent à tout jamais un sourire figé au coin des lèvres du concurrent félicité. Tous les participants sont récompensés, le modeste présent qu'ils emportent balisera le souvenir de ces trois jours de Pentecôte 1964 pas tout à fait comme les autres.

Un dernier nom vient d'être prononcé, le palmarès est connu, du premier à la lanterne rouge du classement général. Dans un concours, dans tout affrontement de personnes quel qu'il soit, il faut un premier et aussi un dernier pour clore la liste. Celui-ci a certainement autant de mérite que celui-là, peut être n'a-t-il pas bénéficié du léger coup de pouce de la chance afin de voir ses efforts récompensés, ses espoirs concrétisés. Peut être aussi a-t-il manqué de réussite dans ses entreprises parfois hasardeuses qui ont réussi à d'autres en leur permettant d'améliorer un score déjà prometteur.

Le simple fait d'avoir été sélectionné par son club pour le représenter dans cette compétition est déjà en lui-même un point de satisfaction personnelle qui vient étayer sa valeur et sa compétitivité dans le milieu vélivole, et puis, il ne peut pas y avoir que des premiers., il n'y a qu'une seule première place...

Les bouteilles de champagne peuvent bien garder leurs bouchons encore quelques minutes, le président de l'aéro-club local réclame la parole une fois encore, espérant que l 'assemblée patientera et se ralliera à ses arguments.

Il s'agit d'attribuer, hors concours, une récompense méritée à un jeune pilote, certainement le plus jeune pilote de France actuellement. Monsieur le Directeur des Services de la Formation Aéronautique remet alors à Jean-Claude son brevet et sa licence de pilote privé d'avion, ce, quelques jours seulement après son dix-septième anniversaire. Ses brevet et licence élémentaires lui sont également remis par la même occasion, ceux-ci sont déjà caducs et surclassés par les premiers, il ne lui reste plus qu'à les ranger dans un tiroir, avec les souvenirs...

Un timide sourire, à peine esquissé au coin des lèvres, accompagné de sa démarche gauche et hésitante qui lui confère sa timidité, le jeune homme se présente sous les feux de la notoriété et reçoit ses précieux documents ainsi que les compliments et félicitations d'usage, mais néanmoins sincères du haut fonctionnaire présent.

Les flashs et les applaudissements crépitent, cette courte cérémonie non inscrite au programme rompt le déroulement logique de l'énoncé du palmarès tout en restant dans le domaine purement aéronautique.

C'est avec un réel plaisir que le président avait incorporé cette petite entorse à l'étiquette et au protocole initialement programmé. Dans cette ambiance surchauffée et amicale, cet événement un peu exceptionnel prend l'aspect d'un exploit hors du commun. Ce n'est pas souvent qu'est attribué le brevet de pilote à un élève qui vient à peine d'atteindre l'âge minimum requis pour cela, ce simple fait devait être souligné lors de cette importante réunion des gens de l'air.

Les encouragements ne sont pas toujours gratuits, le patron du SFA n'est pas venu mains vide, grâce à la bienveillance de ses services, Jean-Claude se voit devenir l'heureux bénéficiaire d'un stage de perfectionnement au pilotage et d'initiation à la voltige aérienne. Il est invité à se rendre, avant la fin de cette année, au Centre National de Carcassonne, haut lieu de la voltige et seul établissement officiel autorisé à instruire cette passionnante discipline. Voilà de quoi laisser rêveurs les mordus comme Francis qui n'ont jamais eu les moyens financiers de s'offrir un tel cadeau.

L'émotion se lit sur son visage et le paralyse, sa timidité habituelle le bloque totalement, il est tendu et très contracté lorsqu'il bredouille quelques paroles de remerciement qu'il juge indispensable à débiter. Une larme de joie et de bonheur intense trace un sillon humide sur ses joues. Il ne savait pas que son dossier serait aussi vite traité et conclu par cette licence qui vient de lui être remise aujourd'hui même devant une assistance aéronautique digne des grandes circonstances. Il aurait certainement préféré une attribution plus discrète de ces documents, limitée à la seule réunion des membres de l'aéro-club local où il ne compte que des amis sincères.

En quittant les avants postes de la célébrité éphémère, avec un peu de recul, il lui reste entre les mains cette licence qu'il retourne dans tous les sens et qu'il feuillette avidement, celle-ci porte bien son nom…

Ses pensées sont encore imbibées des dernières paroles de l'orateur et le spectre du stage à Carcassonne le hante. Cela lui permettra de préciser son pilotage encore hésitant, lui confirmera ses aptitudes et il abordera les balbutiements de cette voltige aérienne qui l'attire. Francis sait qu'il appréciera, les quelques autorotations qu'il lui a fait tourner ces jours derniers en sont une preuve irréfutable.

Il est inutile de se pincer, il est bien éveillé, cela est vrai et bien réel, des paroles pleines de promesses résonnent encore à ses oreilles. Jamais il n'aurait envisagé l'accès à un stage de ce type dans un Centre National. Pour lui, dans son jeune esprit, cela était strictement réservé aux « vieux » pilotes, aux « moustachus » beaucoup plus expérimentés que lui qui ne venait là que pour se retremper dans une ambiance « école » afin de rafraîchir leurs connaissances et actualiser leur science du manche à balai.

C 'est la larme à l'œil que ses parents sont restés les témoins impassibles du triomphe de leur fils. Ils sont radieux de constater que celui-ci est heureux dans l'accomplissement de cette vocation qu'il leur a imposée par sa ténacité. Son éblouissant sourire éclabousse tout le monde et prouve qu'ils ont eu entièrement raison de lui faire confiance aveuglément et de n'avoir jamais rien fait pour contrarier ou entraver son cheminement dans cette voie.

Ils en arrivent presque à oublier leurs appréhensions et la peur même que leur procure le simple fait de savoir leur fils aux commandes d'un avion ou d'un planeur. Pour eux, c'est toujours un enfant, leur seul enfant, n'est-il pas trop jeune pour assumer inconsciemment de telles responsabilités… ?

Quelques mois plus tard cette pensée fugitive se justifiera tragiquement. N'a-t-on pas poussé Jean-Claude dans l'épanouissement trop hâtif d'un rêve d'enfant. N'a-t-on pas surestimé sa maturité face aux choses de la vie et à leurs traîtrises. Quel que soit l'avenir, il est actuellement sous le charme d'une réalisation concrète. Il est totalement comblé par sa progression qu'il juge bien menée, sans se rendre compte que tout concours à lui faciliter la tâche, n'est ce pas trop beau… Sa carrière, il l'entrevoit fermement, avec sérénité, pleine d'attraits et d'avions…

Les applaudissements cessent, les discours sont terminés, comme répondant à un commandement bref, chacun s'est précipité sur la coupe déjà repérée depuis longtemps où pétillent les bulles du champagne qui vient d'être servi.

Des petits groupes se forment au grès des affinités et des circonstances afin de commenter ces trois journées mouvementées. Un brouhaha ondulant d'un groupe à l'autre a remplacé le silence relatif de tout à l'heure. C'est le moment des conclusions et chacun ne manque pas d'argumenter de ses propres impressions et constatations tout en grignotant des gâteaux secs.

Peu à peu les plateaux se vident de leur contenu et les bouteilles de champagne tarissent, dehors les rafales deviennent de plus en plus menaçantes pour les appareils expulsés de leur abri qui frémissent à chaque instant en attendant impatiemment, mais sagement, de regagner leur couvert habituel dès que la cérémonie sera terminée et les tables démontées.

Les décors sont déposés, les rampes s'éteignent, les haut-parleurs se taisent. Le spectacle est terminé. Les acteurs sont redevenus des citoyens presque comme les autres, seulement enrichis de l'expérience et le souvenir de ces trois journées d'amicale confrontation où ils ont eu la réelle impression de vivre en marge d'une société coutumière. Là, tout ne pouvait être réglé par avance, il fallait compter avec « sa majesté » le temps et ses caprices d'intouchable en plaçant les concurrents devant des événements naturels incontrôlables, d'égale difficulté pour tous et que personne ne pouvait influencer par un quelconque calcul.

La télé

Sur le petit écran du poste de télévision posé à même l'herbe, en bordure du chemin de roulement qui mène à la piste, la pendule habituelle meuble la totalité de la vitre et égrène ses secondes au rythme saccadé de sa trotteuse.

— ça va être à nous, tout le monde en place !

Le commandement est sec et sans réplique possible, le point de non-retour est dépassé, il faut plonger. La fébrilité gagne les figurants, sans lâcher son micro l'homme lève les yeux afin de scruter le ciel. Au-dessus des têtes le Bijave est bien là, spiralant à la verticale des installations, en bonne position pour effectuer sa présentation, effectuant des cercles concentriques dans un espace réduit afin de ne pas s'éloigner et d'être disponible pour un rapide retour au sol au moindre appel radio qui lui en donnera l'ordre.

Seules quelques précieuses minutes d'antenne sont programmées, ce en direct intégral, afin de présenter une courte émission sur les activités aériennes aux téléspectateurs qui daignent regarder les actualités régionales en cette fin de soirée, il ne faut pas gâcher cette rare occasion.

La pendule s'éclipse et fait place à l'agréable sourire de la présentatrice de service qui annonce l'imminence du reportage. La balle est dans le camp du reporter présent sur l'aérodrome, bien en place au milieu de nombreux membres de l'aéro-club. Il prend le relais et enchaîne calmement, sans aucune appréhension apparente avec beaucoup de professionnalisme.

Rapidement les images se déroulent comme prévu par le réalisateur. C'est maintenant le planeur qui occupe l'écran, un point à l'horizon grossit, le Bijave vient se poser délicatement près des participants, l'aile s'abaisse doucement, prend contact avec le sol et le voilier du ciel termine sa course aux pieds même du meneur de jeux.

C'est une caméra portative qui officie, l'opérateur n'a pas bougé d'un centimètre lors du tournage alors que le planeur arrivait face à lui avant de venir s'échouer à moins d'un mètre de son objectif. La verrière s'ouvre, le chef pilote émerge de sa boîte de Plexiglas, l'interview s'engage immédiatement pendant que celui-ci enjambe le fuselage de son engin maintenant inanimé où il dépose son parachute désormais inutile.

Ce n'est que le prélude et l'entrée en matière à cette courte émission qui a aussi pour objet de présenter au grand public le plus jeune pilote de France, titre éphémère qu'un autre, plus jeune que lui, ravira inéluctablement dans quelques jours, quelques semaines au plus. La presse audiovisuelle aura tout de même fait un peu cas de cette aviation dite « légère et sportive », pour une fois…

La grosse caméra fixe, stoïque sur son trépied, fonctionne déjà lorsque la portative quitte le plan précédent en effectuant une rotation par la gauche, balayant de son oeil de verre la piste et ses abords où les figurants sont sagement assis à même l'herbe.

Jean-Claude est déjà installé aux commandes du Jodel Ambassadeur flambant neuf, type DR 1050 de construction ROBIN, immatriculé F-BJUF, lorsque le réalisateur, au cœur de l'action, bascule l'image sur l'impressionnante caméra fixe. Le scénario a été répété plusieurs fois au cours de l'après-midi écoulée. Le chronomètre semble avoir une importance primordiale dans la préparation et la réalisation d'une telle émission en directe qui se doit de présenter un maximum de choses dans un temps alloué réduit au minimum, sans aucun raté ni langueur.

Montre en main, tous les détails sont réglés par un minutieux découpage en tranches de secondes. La place de chacun est définie d'une façon précise et irrévocable. Les membres de l'aéro-club présents sur l'aérodrome ne seront que spectateurs et figurants, mais ils entrent dans le scénario et doivent se plier sans rechigner à toutes les exigences du maître des lieux pour quelques heures.

Plusieurs fois les caméras ont parcouru le même trajet, apportant à chaque fois la petite correction qui semblait nécessaire et qui s'imposait afin de définir un cadrage idéal et le mieux adapté à la situation présente, soignant au maximum les arrières plans qui prennent beaucoup d'importance lors d'une retransmission en extérieur.

Un élément prépondérant est difficilement définissable actuellement, c'est l'éclairage, quel que soit la minutieuse mise au point qui sera adoptée en cours de journée, la luminosité qui régnera au moment même du tournage en direct reste l'inconnue la plus complète. Le soleil est mobile, un nuage peut très bien s'interposer et venir perturber les réglages initiaux que les opérateurs devront corriger rapidement en cours d'émission.

Gros plan sur Jean-Claude à qui le reporter pose quelques questions banales pendant que ses parents prennent place et s'installent à bord de ce triplace récent que l'aéro-club vient d'acquérir chez un fabricant d'avion récemment installé à Dijon. Ce sera leur premier vol au-dessus de la région avec leur fils comme pilote et commandant de bord…

La verrière est verrouillée, les ceintures sont bouclées, le DR 1050 roule doucement vers la piste et décolle. L'avion devient de plus en plus petit sur l'écran et disparaît à l'horizon après un léger virage qui le place hors du cadre, un dernier balayage panoramique sur l'aérodrome et c'est de nouveau le sourire de la présentatrice, toujours aussi charmante, qui prend le relais, elle annonce la suite du journal régional et lance le sujet du reportage suivant qui ne retiendra pas l'attention des participants locaux…

L'émission en direct intégral se termine au grand soulagement de l'équipe de l'équipe TV en place, sans autre ennui qu'une courte coupure de son qui ne dura que quelques longues fractions de secondes.

Rapidement la grande antenne, maintenant inutile, est démontée et replacée à l'intérieur du camion atelier à l'endroit habituel pour le transport. Les câbles sont débranchés et enroulés sur leurs bobines respectives, même destination.

En quelques minutes la place est totalement dégagée, les camions bleus et gris quittent la piste et regagnent le parking réservé aux véhicules terrestres avant que leurs occupants ne viennent au bar où ils sont attendus afin d'arroser comme il se doit le bon déroulement de cette courte émission.

C'est un grand « ouf » de soulagement général, la décompression prend logiquement le relais de la grande tension nerveuse qui régnait au sein de l'équipe de l'ORTF. L'angoisse s'est estompée et résorbée comme par enchantement dès que la parole et l'image ont été rendus à la régie finale.

Une émission en direct est toujours une réelle aventure. Un pari passionnant, les moyens techniques actuels (1964) ne sont pas d'une fiabilité à toute épreuve, le minutage est serré et ne tolère aucun glissement de l'horaire de passage à l'antenne. Il faut que tout soit parfait. Un câble débranché accidentellement, une quelconque panne sournoise non maîtrisée tout de suite, une imperfection flagrante et affligeante du cadreur qu'il est difficile de masquer aux téléspectateurs attentifs et c'est l'échec cuisant avec ses répercutions au niveau de la hiérarchie en amont. Celle-ci n'est pas toujours très motivée ni très favorable à cette forme de reportage tourné sur le vif, guettant le moindre faux pas évident pour tenter de supprimer ce type d'émission auquel la dynamique équipe mobile croit fermement et pour lequel tous ses composants sont mobilisés.

C'est sous la hantise constante de l'incident technique « indépendant de notre volonté », comme le signale le panneau qui occupe alors l'écran, que se déroule une telle présentation qui, effectivement se révèle à chaque fois comme une merveilleuse aventure humaine et technique avec tout ce que cela peut comporter comme frissons avec montée d'adrénaline et aussi de joies.

Aujourd'hui le panneau annonçant un arrêt momentané du programme est bien sagement resté hors du champ des caméras.

* * *

Le président de l'aéro-club avait bien organisé et préparé son coup. C'est en tout début de matinée que l'équipe de la télévision française s'est présentée sur l'aérodrome en ce samedi matin de juin. Le comité d'accueil est présent afin de faciliter la tâche des opérateurs en se mettant à leur service sous les ordres des occupants du jour. Francis est très heureux de s'être rendu disponible afin de participer activement aux préparatifs des réjouissances alors que sa modeste présence n'apportera rien de plus ni de moins au programme.

Avant toute décision, le réalisateur fait le tour du propriétaire et défini ses éléments de travail qu'il va affiner au cours de la préparation. Les voitures chargées des responsabilités techniques sont rapidement disposées sur le terrain et mises en place sur les points stratégiques, prêtes à remplir leurs missions respectives.

Près de la manche à air qui flotte mollement au gré d'une faible brise, point culminant des lieux, l'indispensable antenne de relais est dressée et haubanée à l'arrière du camion. Bientôt les câbles sont déroulés et s'étirent sur le sol, à peine dissimulés par l'herbe assez haute qui recouvre cette zone inutilisée par les avions et les planeurs.

Seulement deux caméras seront utilisées simultanément, l'une fixe, disposée sur un énorme trépied, sera placée sur le parking bitumé devant le hangar. Elle sera chargée de dispenser une vue panoramique de l'aérodrome et de saisir des gros plans sur le DR 1050 où Jean-Claude s'installera avec ses parents au cours de l'émission. La seconde, une caméra mobile, portée sur l'épaule par l'opérateur lui-même, sera chargée de suivre les évolutions en vol et l'atterrissage du planeur qui, en principe, viendra choir aux pieds du cadreur.

De nombreux essais sont effectués en circuit fermé grâce à la camionnette régie, véritable laboratoire électronique au service de l'audiovisuel. Au fur et à mesure que la répétition se déroule, l'image s'affine et le son est adapté au plus près. Les deux caméras fonctionnent en même temps, le réalisateur, assis devant les deux petits écrans de contrôle, sélectionnera l'image choisie qui partira dans l'éther vers des milliers de récepteurs qui seront en fonctionnement chez le grand public, assis bien sagement devant « la boîte à images » après une dure journée de labeur.

Après bien des palabres entre techniciens, accompagnés de nombreux déplacements d'un lieu à un autre, un scénario, convenant à tous, est mis sur pied et figé. Une dernière répétition est prévue quelque temps avant le passage à l'antenne, elle est rendue nécessaire par les variations de luminosité à maîtriser, elle permettra en outre de vérifier que le programme est bien rodé et qu'il se déroulera comme prévu.

Profitant du matériel disponible et de la présence du cadre naturel de l'aérodrome, un petit film est tourné sur Jean-Claude qui a conquis toute l'équipe par sa simplicité et son éternel sourire de grand enfant. Dans quelque temps, lorsque la grille des programmes le permettra, ce court métrage monté et retravaillé sera présenté aux téléspectateurs, toujours dans le cadre restreint des actualités régionales. Les problèmes ne sont pas les mêmes et seront facilement résorbés par le montage de la bande définitive qui éliminera tous les passages présentant des anomalies et des imperfections par le truchement de simples coupures, en soignant les raccords prévus par d'innombrables prises de vue sur la nature environnante, courtes et passe partout.

Jean-Claude est un peu dépassé par cette projection en vedette d'un jour, par cette publicité qu'il n'a pas recherchée ni souhaité et qui gêne sa modestie naturelle. Il n'a pas l'étoffe d'un cabot ou d'un baladin et ne se complet pas au premier rang de l'actualité, ne fuse-t-elle que régionale et éphémère ; aussi peut être par manque d'habitude, la facilité des choses permet souvent d'annihiler toute réserve initiale.

C'est tout de même de bonne grâce qu'il se plie aux consignes du réalisateur de cette émission qui lui prodigue maints et maints conseils, parfois presque des ordres, avec aussi, parfois, un soupçon d'impatience à peine dissimulé.

Ses parents l'accompagnent et participent à cette journée qui fait de leur fils la vedette du jour. Leur modestie, elle aussi, se sent un peu agressée par ce tapage qui les environne. Ces simples minutes de tournage ne peuvent être que favorable au bon déroulement de la carrière aéronautique de leur enfant, avec, en plus une certaine publicité pour l'aéro-club local qui s'est gentiment dévoué pour que Jean-Claude atteigne le niveau où il se trouve dorénavant. Celui-ci a nettement l'impression d'avoir une dette envers cette association qui lui a permis de connaître cette activité, pratiquement méconnue et presque marginale, et de gravir rapidement les premiers échelons d'une vie attrayante qu'il espère passionnante dans l'avenir.

* * *

L'intense activité qui entoure Jean-Claude le pousse à faire encore plus et lui donne le vertige, déstabilise son esprit d'adolescent non trempé aux choses de la vie.

Il n'a jamais voulu être une quelconque vedette de l'actualité, il n'apprécie pas toujours le contexte mouvant qui l'entoure et le noie sous une sollicitude de tous les instants, jugeant parfois même qu'il n'en fait pas suffisamment en regard de ses ambitions avouées.

Non, il n'a aucunement « la grosse tête », c'est tout le contraire, cela l'agace et l'énerve un peu, les conseilleurs sont d'intarissables marchands d'espoirs inaccessibles qui projettent leurs rêves sur un tiers parce que, eux, n'ont pas toujours osés…

Le mois de juillet lui apporte une bouffée de motivation nouvelle par l'expérience acquise au cours du Tour Aérien de la France réservé aux jeunes pilotes de moins de vingt et un ans.

La confrontation journalière avec son accompagnateur, l'instructeur qui l'a formé, ne se passe pas comme il avait osé l'espérer. L'autoritarisme de ce dernier envers son jeune pilote et l'encadrement de la compétition gâche le plaisir d'une bonne vingtaine d'heures de vol au-dessus de paysages nouveaux sans cesse renouvelés.

Jean-Claude n'a pas encore la maturité d'esprit qui lui permettrait de trier l'important et le nécessaire, ignorant le futile, dans le comportement des autres avec qui il voyage. Il ne comprend pas toujours la différence de génération dans laquelle il n'arrive pas à évoluer aisément. Ce milieu est totalement nouveau pour lui et inhabituel, il jalouse presque les autres qui ne ressentent aucun complexe vis à vis de cette différence d'âge qui ne semble pas les gêner et subissent inconsciemment leur adolescence comme une phase transitoire de leur existence.

L'échec de l'expérience humaine étend son voile de grisaille morale sur le volet passionnant purement aéronautique du périple qui se déroule. Jean-Claude est déçu par son premier contact hors de son contexte familial, cette déception lui est difficile à supporter, il espérait tant de ce circuit qui couvre toutes les branches de l'hexagone et que les anciens, dont Francis qui à participer deux années de suite à celui-ci, lui avaient vanté les joies et les excès.

Il se réfugie dans la solitude au milieu du groupe dans lequel il évoluera en retrait de ses propres possibilités jusqu'à l'étape finale qui aboutira à Toussus le Noble, en région parisienne.

Dès son retour il recherche une communication avec quelqu'un qui pourrait le comprendre. Il ose une lettre à Léon Biancotto, pilote dont la renommée a passé les limites de nos frontières et qui garde d'étroits contacts avec les aéro-clubs nationaux.

Son record du monde tout récent de durée en vol inversé a fait déborder sa notoriété hors du cadre restreint des aérodromes. Un échange de courrier lui redonne l'espoir, cet homme au grand cœur a tout de suite compris le problème du jeune homme que le temps qui passe solutionnera de lui-même.

La fatalité enchaîne son processus irréversible et incontrôlable. Aux championnats du monde de voltige aérienne, à Bratislava, le grand pilote français, sérieux candidat à la plus haute marche du podium, disparaît aux commandes de son Nord 3200 lors d'un vol d'entraînement, avant les épreuves, sa machine, en laquelle il avait une entière confiance, l'a trahi…

L'annonce de cette disparition est perçue par Jean-Claude comme un camouflet de la vie et lui fait l'effet d'une gifle, cela lui ouvre une nouvelle vision des choses. Son héros est parti en plein ciel de gloire, au sommet de son ascension, dans l'accomplissement de sa passion. Il ne s 'est pas trompé de modèle, il s'engage à fond dans la reconquête de la confiance en lui, perdue depuis quelques temps aux cours des errements d'une activité trop intensive.

Quelques tours de roues de son vélomoteur le portent jusqu'au petit cimetière où se trouve la tombe fleurie de celui qu'il n'a jamais rencontré, mais qui a renforcé en lui, par ses lettres encourageantes, sa passion déjà bien implantée des choses de l'air.

De son recueillement sincère sort vainqueur la ferme résolution de poursuivre la voie qu'il s'est tracé. La solitude aux commandes d'un avion, ou d'un planeur, sera sa seule vocation, la fièvre du pilotage qui l'avait un instant quitté retrouve son intensité initiale.

Pilote remorqueur

Quand le virus de la passion progresse et commence à faire des ravages, peu de choses peuvent s'interposer. Jean-Claude, nouvelle victime de ce mal sans danger apparent et immédiat, éprouve le besoin de rechercher toutes les possibilités qui lui permettraient de voler, de piloter à moindre frais.

Maintenant qu'il est breveté pilote privé d'avion, il peut envisager divers moyens d'assouvir cette passion dévorante de la troisième dimension.

Ses conclusions se heurtent toujours au même mur de la réglementation, il lui faut encore attendre. Attendre d'avoir totalisé la centaine d'heures de vol nécessaire avant d'envisager de passer la qualification de pilote remorqueur de planeur.

Attendre de nouveau que ce total atteigne deux cents heures afin de postuler à un stage d'instructeur adjoint en Centre National, c'est là la seule voie d'accès vers un volumineux carnet de vol avec tous les avantages et les inconvénients que ce sacerdoce comporte. Cette merveilleuse fonction qui consiste à transmettre tout son savoir sera conforté par l'exercice de la vigilance la plus vive de tous les instants.

Quant au remorquage, c'est une discipline qui apporte une expérience aéronautique sans pareille dans la maniabilité de l'avion, avec toute la rigueur et le respect des plages de vol. C'est une ouverture vers la préparation à ce brevet de pilote professionnel qui le fascine et qui se profile comme un lointain objectif sur son horizon.

Le chef du centre de vol à voile où Jean-Claude se rend assidûment n'est pas insensible à ses intentions de progresser et fonde déjà bien des espoirs sur l'avenir du jeune homme. Le pilote qualifié remorqueur disponible est une denrée assez rare, les volontaires pour cette tâche ardue, parfois exténuante et dénuée de toute passion par la répétition même de la manœuvre, n'affluent pas afin de préparer la qualification nécessaire requise. Pourtant l'aéro-club fait preuve de beaucoup de bonne volonté en offrant gracieusement les quelques heures de vol d'entraînement qui permettront aux postulants éventuels d'acquérir le niveau suffisant pour satisfaire à l'examen.

Le manque d'éléments qualifiés et fortement motivés pour pratiquer cette discipline pénible et ingrate est l'une des principales difficultés à vaincre afin qu'un club de vol à voile puisse tourner normalement à son régime de croisière. Lorsque les conditions aérologiques sont optimales et que tous les planeurs veulent partir pratiquement en même temps, il est indispensable de bénéficier de la prestation de ces spécialistes du manche à balai.

Jean-Claude ne marque aucune hésitation devant l'offre alléchante qui lui est généreusement offert. Il ne lui reste plus qu'à réaliser un dernier effort financier afin de boucler l'ultime ligne droite qui lui permettra de comptabiliser la centaine d'heures de vol requise, seuil inviolable de la première marche lui permettant d'envisager son engagement au service du vol à voile.

La double expérience nécessaire pour assumer pleinement, en toute connaissance de cause, la fonction de pilote remorqueur lui impose de ne jamais négliger son entraînement sur planeur dans les rares créneaux restés libres.

Une porte s'entrouvre sur l'avenir, la qualification indispensable et réglementaire autorisant à tracter des planeurs aux commandes des avions appartenant à l'Etat et utilisés par de nombreuses associations vélivoles n'est plus du domaine de l'utopie. Les espoirs s'estompent peu à peu et laissent place à une ébauche de réalisation beaucoup plus concrète, plus proche de « sa vérité ».

Le Morane 317 est un appareil déjà ancien et imposant pour un jeune pilote de dix-sept ans fraîchement breveté. Son fuselage ventru et ses grandes ailes elliptiques suspendues en parasol l'impressionnent et lui semblent venus d'une autre époque, d'un autre siècle presque.

Bientôt Jean-Claude est autorisé à faire connaissance avec l'engin. Il lui faudra maîtriser « la bête », bien la connaître, en un mot, la dominer, la dompter. La double commande débute, il n'est pas aisé d'escalader, d'une façon presque acrobatique, les flancs entoilés où sont découpés des repose-pied. Se glisser dans l'étroit baquet relève de la même condition physique, un parallèle avec l'alpinisme n'est pas outrageux ni déplacé.

Le parachute siège sert de coussin, ce n'est pas des plus confortable, les diverses sangles doivent être correctement assemblées et verrouillées dans un ordre parfait, sans confondre celles du parachute et celles de l'habitacle. Bref, une fois installé et bien en place, prisonnier de la carlingue, le visage engoncé dans un serre-tête en cuir et les lunettes relevées sur le front, il faut bien admettre que la visibilité latérale est limitée et totalement compromise vers l'avant.

Le roulage au sol ne se présente pas sous de bons augures. En vol, cette situation s'améliore sensiblement avec le passage en position nettement plus horizontale du fuselage en ligne de vol, sans pour cela être totalement sécurisant pour un pilote habitué au cockpit abondamment vitré du Jodel et conscient du risque que présente ce manque de visibilité en cours d'évolutions.

Les tours de piste se succèdent sur cette grande pelouse du plateau de Cerny. Jean-Claude se familiarise rapidement à l'avion, il commence à en déceler les diverses réactions et à les maîtriser. Il connaît maintenant tous ses défauts apparents, ses tendances propres et sournoises ainsi que ses vices qu'il réussit à vaincre aisément. Le lâché ne devrait pas tarder à conclure cet entraînement intensif malgré la lourdeur des commandes et l'inertie inhabituelle de la machine. Le jeune homme se sent fin prêt à affronter le premier vol seul à bord qui précédera de peu le test pratique.

C'est le grand jour, un instructeur examinateur entame l'escalade du fuselage afin d'occuper la place avant, celle du passager. Jean-Claude surmonte ses appréhensions en s'installant à bord, bientôt le moteur fait entendre ses pétarades désordonnées.

L'avion roule en zigzags successifs et vient docilement se garer devant un planeur stationné à l'extrémité de la bande gazonnée. Le câble est déroulé et verrouillé aux deux éléments extrêmes composant l'attelage. Le jeune pilote connaît bien le « cocher » qui a pris place aux commandes du voilier de l'azur, c'est son propre instructeur de vol à voile, celui là même qui vient de le former à ses nouvelles fonctions... En cette journée de consécration il n'a pas voulu laisser le manche à quelqu'un d'autre, le vol qui se prépare sort de l'ordinaire, Jean-Claude aura certainement besoin de sa compréhension et de sa très grande expérience pour le suivre parfaitement lors des évolutions à venir qui sanctionneront sa formation.

La manette des gaz poussée en butée vers l'avant, fermement maintenue par la main presque crispée du jeune pilote, Il libère toute la puissance disponible de son moteur en étoile. L'avion frémit et s'ébranle en vibrant de toutes ses membrures, le câble se tend sans fouetter l'air, le planeur sursaute et engage l'inévitable poursuite derrière le bruyant appareil qui décolle.

C'est l'envolée tant appréhendée, l'attelage quitte le sol et s'élance à l'assaut du ciel. Aujourd'hui l'espace semble des plus accueillant et « dame météo » en rajoute un peu en parsemant çà et là quelques petits cumulus de beau temps que les pilotes de planeur apprécient beaucoup. Jean-Claude n'a pas le loisir de s'abandonner au rêve à la féerie du vol, on lui a assigné une mission très précise, en toute confiance, malgré ses dix-sept ans à peine entamés et l'importance de celle-ci, il doit en assumer l'entier déroulement jusqu'à sa conclusion finale.

Il est dorénavant trop tard pour se dérober, il est trop tard pour faire mentir ceux qui sont persuadés avoir dépisté un aviateur plein d'avenir et de promesses dont le jeune âge n'est qu'un aspect positif. De plus, ici il est pris au sérieux, il est un pilote à part entière parmi tant d'autres. Il n'est nullement question de décevoir, la déception serait à la mesure des espoirs, c'est à lui seul à prouver, dès maintenant, que ses instructeurs avaient raison et qu'il est parfaitement capable de mener à bien la mission qui lui a été confiée.

Il est très conscient de toutes ces réalités et tente d'échapper à tout blocage due à une sensibilité dépassée qui le guette si ses réflexions s'éternisent. Actuellement seul doit compter la procédure qu'il vient d'engager et c'est au pilote qu'il est de s'exprimer en revenant à la stricte réalité. Il doit se concentrer uniquement sur cette partie jouée actuellement et qui, suivant le résultat, lui permettra d'assumer cette fonction essentielle qui meuble les carnets de vol tout en rendant un important service aux associations vélivoles que le bénévolat arrange beaucoup.

Le pilotage est différent avec un engin à remorquer, la moindre manœuvre est plus délicate à négocier, Jean-Claude le sait et il a hâte d'apprendre, parfois à ses dépens, toutes les ficelles de cette éprouvante mais indispensable corvée du vol en cordée. Le planeur impose sa présence et le rappelle incessamment à l'ordre par des réactions, souvent gênantes, en manifestant sa présence à l'autre extrémité de la corde qui les relie.

Malgré un pilotage soigné et rigoureux de son pilote, Jean-Claude a la nette impression que le planeur éprouve certaines difficultés à le suivre correctement, il disparaît parfois du cadre étroit du rétroviseur qu'il surveille rapidement du coin d'un oeil attentif alors que celui-ci impose à l'avion un désagréable mouvement de lacet. C'est inhabituel et inconfortable, le jeune pilote se bat avec ses palonniers afin de limiter les évolutions et de contrôler pleinement la situation avant que la manœuvre ne s'amplifie et s'aggrave. Il faut à tout prix éviter de provoquer un largage intempestif et prématuré du planeur, cela tendrait à prouver une mauvaise gestion du vol et une insuffisante prestation du pilote remorqueur.

Le décollage est accompagné d'une bonne suée, Jean-Claude est satisfait, il sait déjà, alors que le vol ne fait que débuter, que la partie est gagnée, il est parfaitement à l'aise et sa concentration nécessaire le laisse suffisamment décontracté afin de faire face à toute éventualité, prévue ou imprévue, qui pourrait survenir.

Un large tour de piste est effectué ainsi et permet de juger le pilotage en général. Bientôt la bande gazonnée se dessine devant l'attelage, le jeune pilote amorce les délicates manœuvres qui l'amèneront au sol pour un atterrissage en conditions très spéciales, le planeur qui tangue mollement derrière lui ne se larguera pas, c'est donc un retour au sol avec l'équipage au grand complet qui se prépare. La proximité du sol et l'obligation d'adopter une basse vitesse font que le contrôle de l'avion devient très pointilleux et demande un pilotage plus fin et plus précis qu'à l'accoutumée. Jean-Claude polarise toute son attention sur cette phase délicate qu'il n'aura peut être jamais l'occasion de mettre réellement en pratique dans l'avenir. Des gouttes de sueur perlent sur son front et tracent un sillon luisant sur son visage avant de venir choir dans l'entrelacement des sangles qui s'entrecroisent sur sa poitrine.

Plus rien n'existe pour lui en dehors de cette large prairie balisée qui s'approche et meuble tout son horizon. Les commandes fermement maintenues, la procédure se poursuit inexorablement. Le faciès de Jean-Claude reflète toute la concentration qu'il déploie et qui lui est nécessaire. Il ne reste aucun signe de l'adolescent gauche et timide que tous les membres du club connaissent bien, c'est un pilote responsable qui peaufine cette dernière phase délicate d'un vol hors normes qui présente certains risques évidents. Les dix-sept ans se sont effacés devant la mission, il en arrive même à oublier la présence de l'examinateur qui suit avec beaucoup d'attention et de vigilance les réactions du pilote qu'il doit noter. Aucuns commentaires ne sont avancés, seuls quelques petits conseils amicaux sont discrètement dispensés.

Les roues frôlent les hautes herbes qui commencent à se coucher devant les pneus encore immobiles, juste avant que le contact se fasse, Jean-Claude enfonce la manette des gaz et rétablit toute la puissance disponible. De nouveau le moteur rugit et c'est la montée régulière vers une hauteur plus sécurisante. Cette difficile phase de vol se présente rarement dans la pratique, elle est rendue nécessaire à la bonne formation spécifique et complète du pilote remorqueur, au cas peu probable où les deux appareils se trouveraient dans l'impossibilité matérielle de se libérer du câble qui les relie. La mécanique a parfois des caprices qu'il est préférable de devancer et de mettre en échec par une préparation minutieuse de toutes les conditions de vol possible. Si cela avait été réellement le cas, aucun problème ne se serait posé lors de l'exercice que Jean-Claude vient d'effectuer, les deux appareils se seraient facilement posés et auraient regagné le gazon sans aucune difficulté, sans pour cela relever d'un pilotage acrobatique ni de l'exploit.

La première manche de qualification est positive, le jeune homme se décontracte un peu tout en poursuivant son vol, maintenant c'est presque de la routine. Quelques évolutions en cordée permettent à l'examinateur de poursuivre sa notation suivant un programme préalablement établi. Plusieurs critères sélectifs entrent en ligne de compte pour juger de l'aptitude du candidat au remorquage, c'est leur addition qui, après une analyse méthodique et précise de chacun d'eux, permet de faire une synthèse objective du travail du pilote.

Jean-Claude n'est pas un novice, il connaît très bien le principe même de ce travail parfois harassant mais toujours intéressant. Souvent il a utilisé les services d'un avion remorqueur puisqu'il est lui-même breveté, depuis peu, pilote de planeur. Son expérience personnelle récente n'est pas à négliger, elle lui permet de faire un choix judicieux parmi les cumulus qui meublent le ciel de leurs imposantes masses blanches et sombres à la fois.

Il va falloir songer à clôturer la montée et choisir un tremplin pour le planeur. L'aiguille de l'altimètre approche de l'inscription annonçant 500 mètres, l'avion tressaille un instant sous l'assaut d'une petite turbulence significative, le variomètre accuse aussitôt une ascendance caractérisée, le planeur, suivant par force une trajectoire identique, se trouvera bientôt dans les mêmes conditions, sursautant sous les coups des éléments, impatient de répondre à l'invitation et de retrouver toute sa liberté d'action. L'appel est suffisant, Jean-Claude entame une courte série de battements d'ailes sans aucune équivoque possible pour son suiveur. L'œil rivé au rétroviseur il perçoit un léger frémissement de sa machine, il est libre maintenant, il observe le planeur qui s'engage dans un virage et s'éloigne de sa propre trajectoire, prouvant ainsi que son autonomie est bien retrouvée, l'ascendance l'attend et il la rejoint rapidement en se mettant à spiraler.

La manœuvre s'est déroulée parfaitement, le jeune homme peut se permettre d'amorcer la descente en toute quiétude avec une sécurité maximale, ce qui n'est pas toujours le cas, il arrive parfois qu'une fausse impression fait croire que le largage est consommé, le raidissement soudain du câble qui se tend ramène durement le pilote à la réalité, le planeur est toujours entravé…

Le filin claque et fouette l'air en sifflant derrière l'avion, Jean-Claude effectue un vol rasant bien dans l'axe de la piste et libère le cordon ombilical désormais inutile. Le Morane 317 revient sur la bande après un rapide virage suivant un circuit volontairement raccourci et se pose délicatement sur l'herbe.

L'avis du pilote de planeur est nécessaire à l'examinateur pour apporter sa conclusion. C'est à regrets que le chef pilote doit quitter l'ascendance dans laquelle il s'était rapidement bien établi et qui, déjà, lui avait fait gagner plusieurs dizaines de mètres de hauteur. Le cumulus s'éloigne et l'aérodrome se dessine de plus en plus loin sur l'horizon, il lui faut refuser l'invitation et l'appel du ciel, aujourd'hui le résultat du test est le seul élément qui compte, il est important de regagner le sol dans un délai le plus court possible.

D'elle-même la conclusion s'impose, jamais la sécurité n'a été mise en péril, en aviation cette notion de sécurité sous toutes ses formes couvre quatre-vingt-dix pour-cent de la qualité d'un vol, le reste est largement dans les limites de l'acceptable, limites parfois un peu trop élastiques suivant la personnalité du candidat et celle de l'examinateur. L'expérience pratique couvrira rapidement les quelques lacunes constatées qui ne relèvent que du ressort des pièges de la vie courante, il est inévitable de se faire piéger un jour ou l'autre par l'une de ces chausse-trappe.

L'examinateur est conscient de ses responsabilités, c'est en toute connaissance de cause qu'il signe le procès verbal de cet examen pratique.

Dès que Jean-Claude sera en possession du petit bristol nanti du cachet officiel l'autorisant à piloter un avion remorqueur appartenant à l'Etat, prêté gracieusement à cette association vélivole, il pourra enfin rembourser sa dette en commençant effectivement à pratiquer ce travail indispensable au développement du vol à voile.

Le chef de centre ne se fait aucun souci quant à l'issue de ce test en vol, sa propre expérience lui permet de flairer l'élément valable, motivé et apte. Malheureusement, certains, passionnés et animés d'une foi sans borne en cette discipline sont rapidement en limites de leurs responsabilités, ils ne peuvent assumer les tâches qui leur permettraient d'assouvir leur passion, cela est dommage mais les caprices de dame nature ne sont pas toujours à la hauteur des aspirations de l'être humain...

On ne s'improvise pas pilote remorqueur, on le devient..., on le devient en s'entraînant beaucoup, régulièrement et sérieusement, en vivant pleinement le vol à voile.

* * *

Le mois d'août tire à sa fin, le crépuscule grignote ostensiblement chaque soir quelques minutes de plaisir aux vélivoles. Le cycle a basculé et la nuit gagne du terrain de jour en jour. Jean-Claude vient de recevoir sa qualification officielle, le côté administratif est lourd à subir, le règlement est ainsi fait. Il faut attendre la bénédiction de certains bureaucrates afin de concrétiser ce qu'un autre homme, un homme de terrain, mandaté par l'administration a jugé et décidé. Ce délai ne semble pas très logique, il est difficilement admissible par celui qui attend, qui sait qu'il est apte à pratiquer, mais qui reste cloué au sol parce que son dossier est en instance de signature, se promenant d'un bureau à un autre.

La passe est franchie maintenant, Jean-Claude va enfin pouvoir prendre le relais du pilote précédent qui désirait se retire un peu du circuit de piste et profiter de ses derniers jours de congés professionnels en famille, loin de la bande gazonnée. Ce travail répétitif est souvent pénible malgré tout le plaisir offert par l'ivresse du vol. Un pilote venant de passer plusieurs journées consécutives aux commandes d'un avion remorqueur, dans un confort relatif, ne rechigne pas à céder sa place à un nouvel arrivant afin de décompresser en peu et de quitter cette ambiance saturante en allant se reposer quelques jours, hors de toute activité aéronautique, avant d'affronter de nouveau la vie trépidante du bureau ou de l'usine.

En cette chaude saison d'été, certaines après midi sont « fumantes », les ascendances sont importantes et très actives. L'instabilité atmosphérique rend le remorquage très éprouvant. Le pilote du planeur, même très entraîné et confirmé dans son rôle, connait parfois beaucoup de difficultés à tenir sa machine sur une trajectoire idéale derrière l'avion qui tangue inlassablement devant lui sous les effets incessants des « pompes » qui se signalent et balisent leur présence par d'intempestifs soubresauts.

Un vol de remorqué ne dure qu'une bonne dizaine de minutes, montée et descente comprises. Ce manège se répète régulièrement tout au long de la journée. Le pilote du planeur est différent à chaque fois, celui de l'avion est souvent le même, cela l'entraîne à effectuer plusieurs heures de vols entre le lever du soleil et sa disparition à l'horizon. C'est un dur labeur qui se déroule dans des conditions délicates et fatigantes afin qu'un maximum de planeurs soient en vol dans un minimum de temps. Il faut que tous les amateurs de vol à voile présents sur l'aérodrome aient leur ration de plaisir, c'est pour cela qu'ils se sont déplacés jusqu'ici. Francis a personnellement fait l'expérience de cette passionnante et éprouvante activité, ses récents souvenirs sont assez précis pour savoir que, parfois, l'enthousiasme et la bonne volonté ne suffisent pas devant la fatigue et la peur de dépasser inconsciemment le seuil où la sécurité serait compromise.

Il se souvient d'un certain après midi où de nombreux cumulus encombraient un ciel agité, après seulement trois rotations il s'est senti totalement anéanti, la dose de saturation était atteinte, cela lui suffisait amplement pour la journée. C'est sans aucune hésitation qu'il a cédé la place à un autre pilote présent et qui attendait patiemment qu'il lui passe le relais. Il avait nettement l'impression d'être dépassé par les éléments et par la maîtrise de la machine dans ces conditions de vol bien particulières. Le Stampe utilisé alors était tout juste assez puissant avec ses 140 chevaux pour remorquer un lourd C800 dans la turbulence qui sévissait ce jour là sur le plateau où nichait l'aérodrome.

Jean-Claude n'en abandonne pas pour autant le pilotage du planeur, il bénéficie parfois de la présence d'un autre « cocher » qualifié sur le Morane 317. Parfois même, c'est le chef pilote du centre en personne qui prend le manche de l'avion afin de permettre au jeune homme d'effectuer un vol plus ou moins long à l'autre extrémité du câble de remorquage.

Pour lui, spiraler librement, tel un oiseau, sous les nuages en perpétuelle transformation, est un réel délassement. Il concilie le repos relatif au plaisir d'évoluer ainsi hors de toute entrave physique et palpable, hors des servitudes du sol et ses obligations. Il se sent un homme libre, libre de fleureter avec la nature dans sa troisième dimension, celle que la majorité des êtres humains ignore et veut ignorer.

Seul le sifflement de l'air sur le pare-brise rompt le silence et accompagne les gracieuses évolutions. Après quelques heures de remorquage consécutives, c'est le vol de décontraction, le palier de décompression nécessaire et indispensable. Il se laisse griser par la poésie de l'espace qui l'environne et l'invite à la rêverie. Il oublie tout, y compris les soucis de la vie quotidienne que son jeune âge ne lui épargne pas.

Ce n'est pas un champion qui se bat avec les éléments en vue de réaliser une performance, mais un homme simple et modeste qui se laisse emporter, au grès des cumulus, à la recherche d'un plaisir nouveau à l'image de ses aspirations. Un plaisir qui lui permet d'échapper un instant à l'attraction terrestre, loin de ce sol qu'il rejoindra tout à l'heure à l'issue du vol, lorsque l'ascendance le laissera choir et l'abandonnera lâchement, comme lassée de lui prodiguer ses faveurs.

Le soir arrive, le dernier remorqué est consommé, un à un les planeurs regagnent le hangar où ils seront placés bien sagement dans un ordre habituel, comme des jouets que l'on range pour un temps, le plus court possible, avant d'aller dormir. La nuit aura envahi peu à peu la nature et aura noyé la piste de son obscurité réparatrice lorsque Jean-Claude enfourchera son vélomoteur pour couvrir la quinzaine de kilomètres qui le séparent du coquet pavillon de ses parents.

La journée qui vient de s'écouler a été harassante, comme celle qui s'est écoulée hier et comme celle qui se prépare pour demain…, comme toutes celles de ce mois de septembre naissant qu'il a entièrement réservé à cette activité de loisir qui le passionne.

Dans le ronronnement de son moteur de 49.9 centimètres-cube, entre la double haie boisée de la forêt de Fontainebleau dont la parure de la nuit masque les teintes bariolées que l'automne lui impose, Jean-Claude se laisse emporté par ses réflexions dans le labyrinthe de ses pensées, il fait le point…

Un sourire inconscient se dessine aux commissures de ses lèvres, son visage s'illumine, il est heureux et satisfait de la tournure que prennent les événements. Il est sur le bon chemin, même si ce n'est pas la voie la plus directe pour atteindre son objectif. Son avenir se schématise avec plus de précision, il en saisit maintenant le contour et les grandes lignes directrices. Aucun doute n'est permis, il est pratiquement certain de réussir dans ses projets tout en restant lucide et les yeux grands ouverts sur la réalité des choses, il est parfaitement conscient de la route qu'il lui reste à parcourir avant d'atteindre ce but définitif qu'il s'est fixé depuis longtemps déjà. Il aura encore à supporter beaucoup de journées comme celles qu'il vient de subir volontairement actuellement.

Après le remorquage, il ne sait pas exactement ce que l'avenir lui réservera, il a confiance en cette étoile qui brille pour lui actuellement et qui ne peut pas le trahir maintenant. Il reste persuadé que se présentera toujours une situation nouvelle lui permettant d'avancer dans son projet et de voler encore plus. Son optimisme débordant est visible et communicatif, il est certain qu'il a mis le pied à l'étrier du bon cheval, qu'il ne s'est pas trompé de monture. Il ne lui reste alors qu'à rester bien en selle, à ne pas se laisser désarçonner par l'adversité qui ne manquera pas de se manifester de temps à autre avec ses excès de mauvaise humeur qui parfois surgissent sournoisement.

Il arrive parfois que les conditions métrologiques ne soient pas propices au vol et ne permettent pas d'engager le dialogue avec le ciel. Jean-Claude réintègre alors le petit atelier familial, mais ses pensées restent bien ancrées sur l'aérodrome qu'il a quitté pour un temps très court, les ailes des planeurs et des avions meublent son esprit. Il y songe beaucoup, cela devient pratiquement une réelle obsession, il connait maintenant toutes les possibilités qui s'offrent à lui afin de consacrer entièrement son existence à cette vocation qui le poursuit et le hante sans ménagement aucun.

Ses conclusions paraissent sans failles, et, si comme il le pressent, il ne peut pénétrer dans l'une de ces professions très fermées de l'aéronautique par la grande porte, il lui restera toujours la possibilité de gravir un à un les échelons de l'escalier de service que seule une foi sans mesure peut baliser vers le succès. C'est une voie longue et non dépourvue d'embûches, sa valeur est à la mesure d'une vocation, elle met en relief tout le courage, la pugnacité et le travail personnel de celui qui entreprend cette difficile et périlleuse escalade par manque de moyens financiers entre autres. Ce choix, qui n'en est pas un en réalité, ne répond qu'à une seule motivation profonde, réussir à se faire une place au soleil parmi ceux qui parfois donnent la pénible impression d'être arrivés là par un simple hasard, ayant embrassé cette profession parce qu'elle faisait partie de l'éventail ouvert derrière le paravent des examens brillamment réussis, sans plus…

Jean-Claude a déjà schématisé son planning, son programme est tracé dans sa tête, selon lui, il lui permettra d'être un jour prochain, un an ou deux au maximum, instructeur de pilote de planeur. Après il s'attaquera à la même qualification pour l'avion. Dans la foulée les examens conduisant à la fonction de pilote professionnel d'avion ne devraient pas lui poser trop de problèmes, le niveau est sensiblement identique.

Il lui faudra beaucoup travailler la partie théorique, son faible niveau scolaire, limité au certificat d'études primaires, ne présente pas une base solide pour affronter le mur des connaissances exigées pour s'engager face aux questionnaires des salles d'examens. Après cela il pourra enfin espérer vivre quotidiennement dans cette ambiance et ce milieu aéronautique qu'il commence à bien connaître et que son esprit d'adolescent lui présente.

Un rêve..., c'est un avion, un autre rêve..., c'est un planeur, le cadre habituel d'un champ d'aviation s'impose chaque fois qu'il ferme les yeux, avec, en toile de fond, légèrement en retrait, comme un symbole, la manche à air qui flotte mollement au grès d'une petite brise et qui semble lui murmurer :

— viens, les conditions sont excellentes pour engager un vol aujourd'hui..., c'est le chant des sirènes et il s'envole, comme lorsqu'il était enfant et qu'il se réfugiait au fond du jardin.

Son activité de pilote remorqueur lui procure un entraînement non négligeable, c'est dur, mais c'est une très bonne école de perfectionnement au pilotage classique. Les heures de vol s'accumulent les unes après les autres, il les comptabilise scrupuleusement en les couchant sur son carnet de vol, chaque jour après le dernier atterrissage.

Rapidement le total s'amplifie et se gonfle, ce n'est plus quelques minutes qu'il inscrit ainsi à chaque fois, souvent se compte en heures et l'addition se précise. comme tout pilote, qu'il soit privé ou professionnel, Jean-Claude est très sensible à ce total qui augmente de jour en jour après chaque passage sur l'aérodrome. Dans toute activité aérienne, c'est la seule référence admise par tous, c'est la jauge de l'expérience qui remplace tout certificat de travail.

* * *

Le vol à voile est un sport d'équipe par excellence, un seul homme se débat aux commandes du planeur, il sait qu'il doit sa présence dans l'étroit habitacle à un ensemble d'hommes, que chaque élément de ce groupe d'amis a son importance en apportant sa modeste contribution afin que soit obtenu le but recherché, voler.

Dans les compétitions, le but est différent, il s'agit de faire un résultat le plus honorable possible. Le meilleur pilote est choisi suivant des critères de sélection appropriés afin de mener à bien cette mission de confiance, avec souvent le risque d'antagonisme pacifique qui vient émailler l'esprit d'équipe et faire grincer le rouage fragile de l'amitié nécessaire en cette circonstance.

Dans l'optique purement sportif, chacun se doit d'apporter son obole de peine et de sueur afin que l'un d'entre eux, à tour de rôle, puisse savourer cette joie sans mesure que procure la liberté relative qu'offre la troisième dimension. Certaines tâches sont plus pénibles que d'autres et requièrent des qualités que tous ne possèdent pas au premier abord. Le rôle du pilote remorqueur fait partie de ces choses indispensables qui font parfois des jaloux mais qui demandent un engagement profond et sans bornes tout en n'étant pas dépourvues de risques réels.

Celui qui maîtrise le vecteur d'un tel bonheur en traînant un planeur derrière son appareil doit avoir une double connaissance approfondie et réelle du vol à voile et de l'avion.

Il est indispensable qu'il soit un bon pilote de l'appareil motorisé mais aussi un vélivole confirmé. Il porte la responsabilité initiale des performances et contre-performances réalisées par le voilier de l'azur qu'il tracte jusqu'au tremplin de la troisième dimension. C'est à lui qu'incombe le libre choix du lieu de largage, c'est pour ces simples raisons qu'il lui faut reconnaître le moindre signe favorable, discerner du premier coup d'œil l'ascendance et ne pas se laisser abuser par ce timide cumulus plein de promesses avec ses turbulences sans avenir.

Il n'est pas toujours aisé de localiser avec précision la « pompe » afin que le planeur puisse s'élancer sans coup férir à l'assaut du ciel dans les meilleures conditions possibles. Il est responsable de l'engagement du pacifique combat qui se prépare et permettra de grignoter de passionnantes minutes de vol dans une lutte inégale entre l'homme et la nature.

Quelques mètres d'altitude gagnés, c'est plusieurs kilomètres de plus de couvert, c'est enfin une étonnante et grisante impression de victoire sur les éléments. Le rêve d'Icare est à la porté du sportif sans le concours d'un moyen mécanique de propulsion tel que le moteur inventé par les hommes pour détourner le problème. Seule est suffisante l'utilisation de l'énergie domestiquée pour un temps d'une nature généreuse et sans limites dans ses réserves.

Le résultat n'est pas toujours à la hauteur du combat. Plusieurs méthodes se sont développées, afin de mettre en vol un planeur avant que le principe du remorquage soit pratiquement sorti vainqueur et remporte les faveurs des vélivoles. C'est actuellement le seul moyen employé couramment depuis des décennies sur tous les aérodromes français afin que les planeurs prennent possession de leur élément.

Il a supplanté le traditionnel lancement au treuil utilisé dans les années « cinquante ». Il est de plus en plus rare de rencontrer une antique B2 ou B4, modifiée pour la circonstance, si ce n'est qu'au fond d'un hangar, sous l'œil protecteur et nostalgique d'un ancien qui se souvient des inestimables services rendus par ces machines.

Ce moyen pratique avait l'avantage de représenter une faible charge financière à chaque envol, par contre, ce n'est qu'un tremplin limité ne permettant qu'exceptionnellement un départ à la réalisation de grandes randonnées conclues par des performances de hauts niveaux.

Le côté éducatif, quant à lui, pour l'école et l'entraînement de base reste valable tout en imposant un autre registre des charges et des responsabilités de chacun. Le schéma de principe est simple, le treuil utilisant le moteur du véhicule concerné est disposé à l'autre extrémité de la piste en service, face au sens du décollage, un câble en acier court tout au long de la bande gazonnée. Lorsqu'un planeur est prêt à prendre son envol, il est accroché à la boucle du filin par son crochet noyé dans le nez du fuselage, c'est le départ ; le treuil se met en action et le câble s'enroule sur son tambour. Le planeur prend de la vitesse est décolle aussitôt, tel un cerf-volant. Lorsque le pilote estime approcher le point culminant de la trajectoire ascendante permise par l'entrave, il se libère du filin qui vient choir sur la piste, mollement soutenu dans sa chute par un petit parachute de fortune.

Rapidement le planeur essaie de trouver une ascendance dans les environs immédiats, dans le cas contraire, en l'absence de tout élément favorable et d'indication positive du variomètre, il est irrémédiablement condamné à un retour précipité vers le sol après un rapide tour de piste.

Cette méthode, simple et complexe à la fois, ne permet pas de monter à plus de deux cents mètres de hauteur en pilotant bien le planeur, dans le cas habituel, avec des conditions aérologiques moyennes, le vol sera de courte durée et la leçon n'apportera que l'expérience d'un départ et d'une arrivée précipitée.

Dans certains pays, en Allemagne par exemple, la réglementation est plus souple et permet l'utilisation du crochet dit « arrière ». Ce type d'arrimage est interdit dans notre pays pour des raisons de sécurité, le câble n'est plus accroché à l'avant du planeur, mais pratiquement sous le siège du pilote, sensiblement au premier tiers du fuselage, de ce fait le planeur se trouve beaucoup plus cabré sous l'effort de tension du filin et l'ascension est plus rapide et plus spectaculaire. Le gain de hauteur est impressionnant, pour une longueur identique du câble, la distance entre le sol et le planeur au moment du largage a pratiquement doublé.

Le vélivole qui observe pour la première fois un départ de ce type en attrape froid dans le dos et souffre pour la machine qui est soumise à des efforts et des contraintes importantes, la maîtrise et le pilotage deviennent délicats et pointilleux. Aucune fausse note dans l'ordonnancement des manœuvres n'est admise, cela pose de sérieux problèmes en école de début.

Il existe une autre méthode que, malgré les nombreux passages de Francis sur des aérodromes européens, il n'a jamais vu pratiquer. Elle ne doit plus être employée si ce n'est sur certains terrains d'outre-Rhin, en zone montagneuse où le vol de pente est le seul élément aérologique utilisable une fois la machine en l'air, quelle que soit la hauteur du départ. C'est le lancement au sandow, dont le principe ressemble beaucoup à celui employé par les aéromodélistes pour expédier en l'air des petits modèles réduits à l'aide d'un élastique.

De toutes ces méthodes qui ont jalonné l'histoire du vol à voile à travers ce siècle, seul le remorquage par avion permet de concilier plusieurs avantages non négligeables. Le lieu de largage peut être défini et choisi librement par avance, ainsi que son altitude initiale de départ en vol libre, autant de facteurs importants qui laissent le secret espoir de réaliser des performances plus en rapport avec les espérances du pilote.

Il est appréciable de bénéficier d'une plus grande souplesse d'utilisation en permettant de réduire les temps morts entre deux départs. Lors d'un concours, il est nécessaire que tous les concurrents soient logés à la même enseigne et aient des conditions de départ identiques, ou presque, cela ne peut être vrai qu'en réduisant les temps de mise en oeuvre des machines.

La chance doit se trouver réduite à sa plus simple expression lors de cette indispensable opération, seuls plusieurs équipages composés du remorqueur et de son planeur peuvent prétendre prendre l'air à la queue leu leu, presque simultanément. Les organisateurs de telles journées vélivoles le savent bien et optent pour cette solution, même si un treuil est disponible sur l'aérodrome. Celui-ci, en effet, ne permet qu'un seul lancement à la fois, échelonnant ainsi les départs avec, en plus, les temps morts indispensables à la récupération du câble. D'autre part, la faible hauteur atteinte risque d'encombrer rapidement le circuit de piste, seuls quelques audacieux et téméraires tenteraient une hasardeuse évasion vers la campagne environnante au risque de se trouver contraints à effectuer une « vache » non loin du point de départ.

Un avion remorqueur demande un minimum d'entretien, seul un personnel qualifié est habilité à l'utiliser dans cette fonction très spéciale. Le pilote remorqueur est toujours un vélivole convaincu, cela lui permet de faire étalage de sa propre expérience en la matière afin que l'équipe se resserre autour de ce filin qui se tend entre les deux appareils en quête d'espace et de liberté.

Jean-Claude pénètre de plein pied dans cette phalange limitée des serviteurs indispensables au bon développement de ce passionnant et prenant sport aérien, où toute notion matérialisée de classe sociale est totalement exclue. Il est heureux et ravi de faire partie de ce groupe d'amis animés d'une même foi en ce sport qui le fascine.

Qu'il ait entre les mains le manche à balai d'un avion ou celui d'un planeur, il est heureux de se retrouver chaque fois en tête-à-tête avec l'espace pour un face à face toujours prometteur avec ce ciel qui ne pardonne ni les imprudences, ni les négligences les plus minimes, avec ce ciel qui offre beaucoup mais qui parfois se fait cruel et frappe presque aveuglément dans les rangs de ses admirateurs qui lui consacrent pratiquement tout.

Jean-Claude ne se lasse pas de ce continuel combat avec les éléments aérologiques. Aux commandes de son avion remorqueur il se met au service des autres, animé de la même motivation que lorsqu'il pilote lui-même le planeur.

La recherche des ascendances est son premier objectif à atteindre, pour cela le vélivole est en éveil constant et toute son attention est mobilisée, il est fin prêt à la lutte. Toute sa vigilance est nécessaire afin de localiser la zone positive de l'onde où il doit mener son suiveur. Là, seul le planeur restera au combat pour exploiter au maximum les possibilités offertes par l'ascendance et s'y maintenir le plus longtemps possible, avant de laisser choir le cumulus sans intérêt pour une autre promesse voisine sous forme de masse moutonneuse et ondulante.

En position de remorqueur, il est le simple serviteur de l'autre, il lui faudra se dépêcher d'assumer son rôle de vecteur vers une joie qu'il ne partagera pas puisqu'il dégagera rapidement vers le sol dès que le planeur aura déverrouillé son entrave et évoluera seul au gré de son pilote et de ses extravagances aériennes.

La fatigue des remorqués répétés lui procure parfois une impression de lassitude inaccoutumée avec, en arrière goût, l'agréable satisfaction du devoir accompli que sa modestie d'enfant un peu grand pour son âge lui interdit d'extérioriser en exposant sa joie et son immense plaisir à la convoitise des autres. Seul son large sourire laisse deviner son bonheur, il n'a que dix-sept ans, il a déjà réussi à se rendre utile à la société qu'il a librement choisie et qui l'a pleinement accepté, il est tout simplement heureux.

Lorsque l'occasion se présente, il ne rechigne pas à se faire remplacer aux commandes de l'avion et à prendre un peu de recul avec l'animation intense qui règne sur l'aérodrome. Sur la touche, un peu en retrait de la piste il se surprend à observer l'attelage qui s'élance, comme si cela était un spectacle nouveau pour lui.

Le regard dans le vague il se replie sur lui-même, ses pensées l'amènent à se poser des questions sur sa vocation, lui, Jean-Claude, enfant timide et gauche, a réussi en quelques mois seulement à se créer une occupation passionnante avec les énormes responsabilités qu'elle engendre pour un jeune homme de son âge. Il lui est difficile de comprendre le comportement de certains autres jeunes qui ont quitté l'école en même temps que lui et qui se laissent envahir par la facilité de l'oisiveté la plus complète.

Le planeur se décroche et entame ses gracieuses arabesques dans le sifflement à peine perceptible du sol de l'air sur ses ailes qui paraissent trop grandes mais ne semblent pas le gêner pendant que l'avion bascule et s'enfonce vers la planète en direction de l'aérodrome, entraînant derrière lui le câble qui claque sèchement au vent.

Un peu plus loin vers l'est, là où une colline imprime une légère ondulation à la basse couche de l'atmosphère, deux appareils de compétition, fins et élancés, aux mains de pilotes confirmés, spiralent en douceur et évoluent gracieusement.

Bientôt Jean-Claude aura assez de maturité pour avoir le droit de gravir un échelon de plus dans la hiérarchie bien établie des pilotes, il accédera alors au poste de pilotage de ces oiseaux de concours réservés à une élite.

Parfois, en fin de soirée, c'est le dépannage qui s'inscrit au programme. Il s'agit dans ce cas précis d'aller chercher un appareil qui, à cours de ressources aérologiques, ou parce que c'était son but fixé préalablement, s'est posé sur un aérodrome voisin. Là, les connaissances en navigation sont indispensables, il doit partir seul à bord pour ce petit voyage, avec comme unique bagage, un câble roulé dans l'étroit coffre de l'avion.

Pour le retour, il lui faudra faire vite car la nuit n'est pas loin, tout en respectant les lois du remorquage. La vitesse sera réduite et maintenue constante selon le type de la machine remorquée, mais toujours inférieure à celle de croisière habituellement utilisée lorsque l'avion est seul.

Le planeur admet difficilement une survitesse qui imposerait des fatigues importantes à la structure et l'entraînerait dans un domaine de vol dangereux et délicat, à la limite de la rupture. Il faut se dépêcher sans pour cela se précipiter.

* * *

Les avions remorqueurs sont soumis à de dures épreuves qui occasionnent une surveillance constante de la mécanique.

Malgré tout le sérieux et tous les soins apportés à leur entretien et à leur vérification périodique, ces machines ne sont exemptées d'incidents où, souvent, à l'origine est une défaillance humaine parfois insignifiante.

Le prix de revient d'une simple goupille est loin de rivaliser avec la réelle importance qu'elle peut représenter. Ce fin morceau d'acier doux que l'on tortille dans l'encoche d'un écrou à créneaux a sa raison d'être et risque, si le cas se présente, de manifester dangereusement son absence.

Ainsi, en cette belle après-midi de printemps, il en est offert la démonstration la plus probante. Sur cet aérodrome situé sur le plateau des « hauts ramés » la piste est partagée en bon voisinage avec un aéro-club issu des sections sportives d'une importante garnison internationale basée dans la ville très proche.

L'élément vélivole est des plus actif et regroupe des pilotes de plusieurs nationalités. L'Armée de l'Air française, ne voulant pas être de reste, fournit un minimum d'aide sous forme de matériel volant. C'est un superbe Morane 500 décorée de ses peintures bariolées, style camouflage, et de ses cocardes tricolores qui sera chargé du remorquage des planeurs de l'association.

Tout membre de celle-ci est, soit militaire, soit employé dans un service travaillant en étroite collaboration avec ces militaires. Aujourd'hui, c'est un sergent-chef de l'Armée Belge, récemment qualifié sur la machine, qui s'installe aux commandes du MS 500 garé devant le hangar tout neuf qui vient de s'ériger un peu plus loin, vers les bosquets de pins et de bouleaux.

Avec un ou deux camarades Francis s'apprête à arpenter la lisière de la piste afin de se rendre vers le point de départ des planeurs où ceux-ci attendent le bon vouloir de l'avion qui démarre. Le moteur vrombit, l'appareil s'ébranle et commence à rouler.

Quelques instants plus tard il dépasse le groupe de piétons, le pilote leur fait un amical signe de la main tout en continuant sa trajectoire.

Là-bas, vers l'ouest, il se place devant le premier planeur. De loin les nouveaux arrivants assistent aux rites habituels qui précèdent le décollage de l'attelage. Le MS 500 s'élance, le câble se tend, le planeur tressaille et prend un peu de vitesse, puis décolle franchement du sol alors que l'avion vient à peine de prendre une position horizontale et a encore les deux roues rivées à l'herbe.

Juste en passant devant les spectateurs elles tressautent et quittent la piste. C'est ce qui devrait normalement se passer, ceux-ci sont obligés de constater qu'il n'en est pas ainsi. L'avion n'a pas décollé au complet..., une roue, éprise de liberté soudaine, continue allègrement sa trajectoire sur le gazon, passe devant les regards ébahis et se laisse choir quelques mètres plus loin, lasse de gambader ainsi toute seule.

Un rapide contrôle visuel sur l'appareil qui vient de prendre l'air et qui s'éloigne confirme cette inhabituelle anomalie, les grandes pattes de cet échassier un peu particulier pendent sous le fuselage, effectivement l'une d'entre elles est amputée de son indispensable accessoire.

Seul le pilote semble ne pas s'être aperçu de cette absence, cet incident n'est pas compris dans la procédure qui amène à effectuer des vérifications après le décollage. Il n'est pas courant de perdre ainsi une roue complète d'une façon aussi discrète que cela vient de se produire sous les yeux des spectateurs.

Un atterrissage dans ces conditions peut se conclure par une catastrophe, il est difficile de prévoir les réactions d'un pilote surpris par un retour au sol bien mené, mais qui se passe mal pour des raisons ignorées de lui. Le temps qu'il analyse l'anomalie, qu'il en découvre l'origine et qu'il réagisse en conséquence, il sera trop tard, le moignon aura commencé à s'enterrer et ne demandera qu'à amplifier son ancrage dans le sol avec tous les problèmes que cela peut engendrer.

Le Morane 500 n'est pas équipé de radio VHF, très peu d'avion en sont pourvus en ces premières années de la décennie soixante. Il est tout de même indispensable de prévenir le « cocher » que son appareil est blessé alors qu'il ignore totalement l'existence même de cette blessure. Il y a certainement une solution, avec un peu de chance..., il reste une dizaine de minutes pour réfléchir et réagir.

Tout ce petit monde, Francis en tête, se précipite en premier lieu pour récupérer l'objet délinquant. Vite, une décision est prise, tous les pilotes présents s'alignent sur un rang le long de la rangée de piste, entre les balises, aux environs immédiats du point d'atterrissage habituel du remorqueur et ils attendent patiemment son retour qui ne saurait tarder maintenant.

L'oiseau blessé, qui ignore toujours sa blessure, arrive, bien dans l'axe de la piste et entame soin passage préliminaire au cours duquel il se contentera d'effectuer un court vol rasant afin de se débarrasser de son câble et reprendra un peu de hauteur pour effectuer une seconde présentation qui l'amènera en phase finale d'atterrissage complet.

Les poitrines sont oppressées, va-t-il les voir…, va-t-il comprendre la signification de cet attroupement inhabituel et totalement anormal alors que l'emplacement où ils se trouvent devrait être libre de toute présence pour des raisons de sécurité évidentes. Là, au moins ils sont certains d'attirer l'attention.

Le voici en approche, soudain chacun est la proie d'une frénétique danse de saint Guy, gesticulant et sautant sur place comme des déments possédés du diable afin d'être certains que le pilote se posera des questions. Le pauvre, il doit bien se demander quelle mouche les a piqués pour qu'ils tombent ainsi tous aussi fous les uns que les autres. Ils n'ont aucune chance de passer inaperçus, c'est le but de cette action.

La remise des gaz est prudente, bien dans l'axe de la piste. Dans le doute le pilote se donne un peu de temps pour aviser et réfléchir, il a compris qu'il se passait quelque chose d'anormal. Il a aussi vu, au passage, la roue que l'un d'entre eux, le plus grand, brandissait au-dessus de sa tête, un peu à l'écart des autres. L'homme aux commandes se penche en direction du groupe, l'air surpris, le regard en point d'interrogation.

Le nez collé au plexiglas de la vitre latérale il ne peut que constater que l'objet furtivement aperçu en bordure de piste, au sol, a bien appartenu à son appareil et qu'il lui fait fortement défaut pour que les choses se passent normalement à l'atterrissage.

Le sort en est jeté, personne, au sol, ne peut plus rien. C'est maintenant au pilote, et à lui seul, de jouer et de faire la démonstration de ses qualités de pilotage avec tout le sang froid que la situation impose.

En attendant son retour des mesures de sécurités maximum sont prisent, des extincteurs sont discrètement chargés dans les coffres des véhicules disponibles qui stationnent, moteur tournant, à quelques pas des balises, un peu en retrait, prêts à intervenir.

L'avion débute ses rotations, son excédent de puissance ne lui impose aucun poids maximum au départ, et, afin de perdre le minimum de temps au cours de l'après midi en servitudes annexes, les réservoirs ont été remplis à ras bord, seuls quelques litres seulement viennent d'être consommés, le danger est réel.

Avec ou sans roue, le pilote est conscient qu'il doit revenir au sol, il n'a pas le choix. Il entame prudemment les manœuvres d'atterrissage par une longue approche, bien dans l'axe de la piste, avec un peu de moteur afin de stabiliser la trajectoire. Le MS 500 grossit à l'horizon, Francis vit intensément ce moment crucial de l'atterrissage où tout peut être redouté. L'avion s'incline doucement du côté de la jambe valide, juste avant de prendre contact, il faut absolument que cette roue active supporte tous les efforts du retour au sol. Instinctivement chacun rentre la tête dans les épaules et le souffle devient court, les spectateurs transpirent certainement autant que le pilote qui lui est dans l'action et n'a pas le temps d'avoir des états d'âme. Pas un d'entre eux n'éprouve le besoin d'émettre le moindre commentaire sur sa prestation, ils attendent en observant minutieusement le comportement de la machine. Dans quelques instants l'angoisse sera éteinte.

Dès que la roue touche le sol, le pilote appui en inclinant fortement son avion sur son seul point de contact. L'atterrissage est bien négocié. Bientôt la vitesse devient trop faible pour assurer une portance correcte, les ailes perdent toute leur efficacité et ne portent plus. Les commandes avouent leur manque total d'utilité. La jambe de train blessée s'abaisse et touche la terre, s'enfonce dans le sol et creuse une légère tranchée sur quelques mètres avant de venir finir sa trajectoire dans un cratère que sa fin de trajectoire génère. L'appareil s'engage dans un mouvement tournoyant autour de ce point d'ancrage qui le verrouille de plus en plus. Il hésite un instant et s'arrête après avoir effectué un peu plus de trois quarts de tour sans que la roulette de queue n'intervienne autrement que comme stabilisateur, décrivant un arc de cercle autour de ce pivot avant de venir choir sur le sol, immobile.

C'est fini, les extincteurs peuvent retourner au hangar, aucune casse n'est à déplorer. Le pilote éponge son front d'un rapide revers de la main lorsque le groupe entoure l'appareil et attend sa descente.

Maintenant que tout est terminé il sera la proie à cette peur rétrospective qui assaille alors que tout risque est totalement exclu et dépassé et qu'il reste seulement à réfléchir à la situation qui vient de se passer, avec l'échafaudage de toutes les hypothèses possibles dans ces circonstances.

Dans l'action il n'a pas eu peur, il n'a pas eu le temps d'avoir peur, il lui fallait faire rapidement l'analyse de ce qui se passait et prendre la décision quant à l'action corrective à entreprendre pour s'en sortir. C'est sur le pilotage que toute son attention s'est reportée, il lui fallait improviser logiquement, simplement, une phase de vol inhabituelle et se concentrer entièrement sur cette délicate manœuvre. Dans ces conditions, l'esprit est bien trop occupé pour laisser la moindre place à la peur qui ne trouve pas alors la faille pour s'insérer dans la procédure.

A deux pas de là, la « bête » reste immobile au beau milieu de la piste. Grâce à l'homme aux commandes et à son habileté, sa blessure n'est pas mortelle et les dégâts sont limités au minimum. Il ne reste plus qu'à constater la disparition de l'écrou de fixation de la roue, la conclusion est évidente et s'impose d'elle-même, la goupille devant le verrouiller est certainement restée dans la caisse à outil du mécanicien distrait lors du dernier passage en atelier de l'avion pour une visite de routine systématique et obligatoire.

Un cric, un ou deux morceaux de chevron, beaucoup de bonne volonté et le Morane 500 retrouve une position plus conforme à la normale. Un pilote s'installe à bord, met le moteur en marche et dégage la piste en le faisant rouler doucement jusqu'au hangar où il passera une rapide inspection des éléments vitaux ayant éventuellement pu souffrir au cours de l'incident.

La conclusion est optimiste, l'avion va pouvoir rapidement reprendre du service et recommencer ses remorquages un instant interrompu au grand soulagement des vélivoles qui voyaient déjà l'après-midi compromise par manque de vecteur de départ.

Le bar de l'aéro-club apporte son réconfort au pilote et aux spectateurs qui commençaient à avoir la gorge sèche après tous ces événements imprévus et précipités.

Un petit coup de pelle sur la piste suivi d'un ou deux passages de râteau et la tranchée ainsi que le cratère final sont effacés, la piste est de nouveau utilisable. Seul reste le souvenir de cette péripétie inédite qui aurait pu mal se terminer et facilement tourner au drame sans la présence d'esprit de chacun et le sang froid du pilote.

Le drame tant redouté sera pour quelques mois plus tard, là, le MS 500 sera entièrement détruit ainsi qu'un planeur, un Nord 1300 de début, entraînant les deux pilotes, deux amis, dans une mort tragique…

Même les loisirs sont parfois générateurs de tragédie, d'autant plus que, souvent ce simple terme de « loisir » risque de faire passer au second plan toute notion indispensable de sécurité.

Comme beaucoup d'aéro-clubs, l'association locale ne vole que le week-end et les jours fériés, selon la formule consacrée. Le bénévolat impose ses règles et les jours ouvrables sont consacrés à une occupation rémunératrice, il faut bien vivre… En cours de semaine seule la section de vol à voile des voisins utilise les installations et la piste sans avoir le souci du partage. Ils sont les maîtres des lieux et profitent de l'absence d'activité autre pour évoluer plus librement. Les jours de beau temps, selon les canons du vol à voile, l'avion remorqueur n'a pas le temps de laisser refroidir les cylindres de son moteur entre chaque sortie, toute l'écurie au grand complet des voiliers de l'azur est extraite du hangar et tirée en bout de piste.

Les rotations sont rapides et suivent un processus maintenant bien rodé. C'est stupidement, comme survient toujours la grande majorité des accidents, que le drame s'est consommé sous l'œil impuissant des spectateurs qui s'amusent à observer le manège qui se déroule au-dessus de leurs têtes suivant un scénario bien réglé.

Le Morane 500, aux mains d'un adjudant-chef instructeur, chef pilote « avion et planeur » de cet aéro-club un peu particulier, bascule de droite à gauche et bat des ailes pour indiquer à son poulain que le moment de se larguer est venu. Une petite secousse significative répond à cette invitation, un rapide coup d'œil au rétroviseur confirme l'impression première, il n'y a plus personne au bout du filin. La descente rapide s'engage immédiatement, là-bas, sur la piste, beaucoup de planeurs attendent leur tour sagement alignés en bordure des balises, les pilotes surveillent constamment les évolutions du remorqueur en piaffant d'impatience devant ces cumulus évolutifs qui meublent un ciel rempli d'espérances.

Le Morane 500 a engagé son piqué vers le sol. Son pilote ne voit pas, ne peut pas voir le petit N1300 qui, à bout de ressources aérologiques, regagne bien sagement l'aérodrome et passe juste à ce moment là, à la fraction de seconde près, au-dessous de l'avion. L'abordage est inévitable, un grand bruit attire l'attention de ceux dont le regard ne scrutait pas le ciel. Une pluie de petits morceaux de contre-plaqué provenant du planeur arrose la nature environnante, la machine s'est littéralement désintégrée sous le choc et disperse son épave… Le pilote, certainement sérieusement touché au moment de l'impact n'utilise pas son parachute et s'écrase au beau milieu d'un champ de luzerne, prisonnier de sa ceinture et de son siège qui ne font alors plus partie du fuselage…

Le Morane 500, quant à lui, poursuit sa trajectoire pratiquement rectiligne et percute la planète à quelques enjambées du croisement des deux pistes et s'enflamme aussitôt.

L'homme aux commandes devait être blessé et inconscient, il n'a tenté aucune manœuvre afin d'infléchir la trajectoire de son appareil avant l'impact afin d'obtenir un contact plus acceptable qui s'assimilerait tant bien que mal à un atterrissage de fortune. Gravement brûlé il décédera à l'hôpital où il est transporté, peu de temps après son admission, sans avoir repris connaissance.

Le temps ne s'arrête pas sur chaque drame qui ponctue la vie, celle-ci continue, la semaine a égrené ses journées. Le samedi est revenu et Francis se retrouve en compagnie de Jean-Claude, arpentant les abords de la piste en direction des épaves qui gisent encore tristement sur les lieux de l'accident.

L'enquête officielle vient de se terminer, il ne restera plus qu'à effacer toutes les traces de la tragédie et rendre au champ de luzerne son aspect habituel en le débarrassant de tous les débris qui jonchent son emprise. De loin, la carcasse du MS 500 offre le désolant spectacle de son squelette tubulaire calciné, ruines noircies de ce qui fût un avion.

Des détails sautent à la vue spécialistes que sont les deux jeunes pilotes, en contournant l'épave ils se forgent rapidement une idée assez précise de la violence et de la soudaineté du choc, des petits morceaux de contre-plaqué restent emprisonnés entre la jante métallique et le pneu d'une roue… Par contre, aucun élément concret n'apporte le moindre indice quant à l'incapacité physique du pilote à redresser son appareil en fin de trajectoire, cela restera une énigme.

Le triste tour d'horizon les amène au beau milieu des restes de ce qui fût un planeur d'entraînement de début, le spectacle est totalement différent mais aussi désolant. Il serait impropre de parler d'épave, seule une multitude de débris épars inonde le champ dans un rayon d'une centaine de mètres. Là un morceau d'aile, là les restes du siège avec sa ceinture, dite de sécurité, dérisoire ce simple mot « sécurité » alors que cette sangle n'a fait qu'accompagner son prisonnier jusqu'au sol, jusqu'à la mort…

Devant ce champ de désolation les commentaires sont rares mais éloquents, quelques témoins du drame sont revenus sur les lieux de la tragédie et racontent pour la énième fois l'affreuse vision de l'abordage qui a hanté plusieurs de leurs nuits, comme ci cela pouvait les soulager un peu. Les machines, vecteurs de loisirs et de plaisirs personnels sont détruites, soit, mais deux hommes, deux amis ont été réunis dans une même mort par ce que l'on appelle tout simplement la fatalité…

Il faut pourtant que tout un ensemble de circonstances soit réuni en un même instant, en un même lieu, dans les trois dimensions de l'espace aérien. La probabilité de cette réunion de conditions est infime, il eut suffi d'une fraction de seconde de décalage dans l'une ou l'autre des actions en cours, d'un mètre d'écart dans l'une ou l'autre des trajectoires et l'accident eut peut être été évité. Il est aussi possible qu'un supplément de vigilance de la part des deux pilotes aurait paré à l'abordage fatal.

La question de Jean-Claude est venue spontanément alors que les deux hommes cheminent de concert en direction du hangar, la mine défaite, le regard fixé sur la pointe de leurs chaussures, comme un murmure

— Tu crois qu'ils se sont vus au dernier moment, au moment où il est déjà trop tard pour tenter l'impossible et détourner sa destinée, mais où il est encore temps de réfléchir…, de comprendre ce qui se passe et qu'il n'y a plus rien à faire pour en éviter la terrible conclusion… ?

— Je ne sais pas…, j'espère que non…, tente de répondre Francis un peu dérouté par la spontanéité du commentaire de son jeune ami.

La désagréable surprise de trouver un obstacle imprévu sur la trajectoire, en plein ciel, devant eux, a certainement été totale. Cela conforte le nouvel instructeur dans son intransigeance pour tout ce qui touche, de près ou de loin, à la sécurité en vol. Il est trop aisé de penser que si l'on n'a pas vu l'autre, celui ci doit obligatoirement vous avoir vu et agira en conséquence…

Jean-Claude balance doucement la tête, l'air pensif, ce triste spectacle est une preuve irréfutable, ce type d'accident peut arriver, ce risque existe bel et bien, il est constant dès qu'une machine volante a pris l'air. Il ne faut jamais nier cette évidence et en accepter l'augure, les risques sont connus et il faut en mesurer la probabilité en toute objectivité.

— C'est triste de finir ainsi… ! sa conclusion est banale, il est toujours triste de finir une vie qu'elle que soit la forme de celle-ci.

C'est sans un autre mot qu'ils arrivent au hangar, leurs regards se croisent un instant, ils en disent beaucoup plus long que le pourrait des paroles. Ils venaient de constater qu'il pouvait exister ce que dans leur fond intérieur ils s'étaient toujours efforcés d'ignorer. Les sports aériens ne sont pas dangereux..., après ce qu'ils viennent de voir ils se surprennent à douter de cette affirmation aussi catégorique et aussi rigide que chacun d'eux se plaît à le carillonner à qui veut bien les écouter.

Et puis la passion du vol reprend le dessus. En toute activité de sport mécanique le risque existe, il est souvent mal aisé de le mesurer avant de l'avoir touché du doigt et de s'être fait piéger dans ses chausse-trappes.

Dans quelques minutes les deux amis embarqueront à bord de l'Emeraude flambant neuf pour effectuer leur petit vol habituel au-dessus de la région.

Son dernier remorquage

Parfois l'arrière saison réserve d'agréables surprises. Aujourd'hui le ciel est clair, seuls quelques indispensables petits cumulus en formation font clignoter le soleil et strient le sol en étirant leurs taches sombres sur la nature. L'été, en un dernier sursaut, s'accroche encore un peu avant de céder le pas à l'automne et à son cortège météorologique ponctué par les feuilles qui quittent une à une la branche en virevoltant un instant avant de se laisser choir sur le sol, frémissant à la moindre brise.

Une fois encore, c'est déjà une habitude bien ancrée, Jean-Claude pousse le portail qui lui permet de s'échapper de la propriété de ses parents. Casqué et ganté il emporte dans les sacoches de son vélomoteur, ses brevets et licences de pilote afin de se rendre sur le terrain de vol à voile où l'avion remorqueur l'attend, sagement garé devant le hangar.

Le ciel est optimiste, lui aussi, aujourd'hui Jean-Claude a bien du travail en perspective, avec ces derniers sursauts de beau temps qui ne veut pas finir tous les planeurs seront invités à prendre l'air pour participer à la fête.

Dans sa hâte à retrouver ses complices du ciel, il n'oublie pas pour autant les leçons de prudence imposées au jeune vélomotocycliste. La circulation sur les routes de l'Ile de France est dangereuse pour un deux roues. Après quelques kilomètres parcourus en limite de la forêt de Fontainebleau, il s'arrête, met le pied à terre et respecte le panneau « stop » qui lui signale la traversée de la route nationale 7, la Route Bleue, celle de l'échappée vers le sud où le trafic est toujours aussi intense. Ce carrefour représente un passage dangereux, un point noir sur son trajet vers l'aérodrome, déjà plusieurs accidents mortels se sont produits à ce croisement depuis le début de l'année.

Un instant de répit dans le défilé incessant de la double file de voitures, rapidement il s'engage, un petit coup d'accélérateur, l'engin bondit et traverse… En cette saison démente, en ce jeudi après midi de septembre 1964, le flux venant du sud est de loin le plus important. C'est la dernière semaine de liberté avant la rentrée scolaire, les vacanciers, pressés par le calendrier circulent énormément, presque agacés.

Jean-Claude respire plus librement maintenant qu'il est passé et qu'il roule, la poignée des gaz à fond, sous le couvert d'une forêt qui n'en finit pas, elle non plus, d'étaler sa palette de couleurs éclatantes sous un soleil oblique d'une luminosité sans égale pour mettre en valeur ces teintes innombrables que dame nature daigne déployer à profusion.

Ce croisement est réellement sa hantise principale sur ce parcours qu'il connaît bien, il lui fait peur, ces quelques mètres de bitume à emprunter à quatre-vingt-dix degrés font toujours l'objet des dernières recommandations de sa mère lorsqu'il coiffe son casque réglementaire, elle ne voit pas son sourire, ironique presque, il n'est plus un gamin… Il sera tout de même très vigilant, un accident stupide est si vite arrivé, personne ne peut se prévaloir d'en être à l'abri, il n'a que dix-sept ans et demi.

Bientôt, après avoir longé un petit cours d'eau sinueux sur quelques kilomètres, il quitte la route principale et s'engage dans le petit raidillon qui serpente entre la forêt et des carrières avant que ne se dessinent les hangars à l'horizon. Un peu plus loin, la manche à air flotte mollement, perchée au sommet de son mât.

L'animation a déjà démarré, les stagiaires ont, dès la fin du déjeuner, préparé le matériel et aligné les planeurs en bordure de la piste, comme pour une dernière revue de détail avant d'engager l'offensive qui sera déclenchée dans quelques minutes contre sa majesté le ciel.

Des jeunes et des moins jeunes, élèves ou pilotes confirmés, s'affairent autour des machines afin que tout soit prêt pour un départ rapide et efficace. Les réservoirs des avions remorqueurs sont remplis à ras bord, les câbles sont déroulés et placés devant les premières machines, prêts à être accrochés aux voiliers de l'azur avant de se tendre tel un cordon ombilical pour un départ imminent pour l'aventure du ciel. Déjà des équipages ont endossé le harnachement réglementaire, le parachute est sanglé et ajusté au plus près du corps avant d'enjamber la carlingue et de se glisser à l'intérieur de l'étroit habitacle.

Avec la saison, le temps du stage tire à sa fin. Le chef de centre cherche quant à lui à obtenir un maximum de résultats concrets. Son but idéal avoué serait d'arriver à conclure par un brevet chaque cas personnel des stagiaires arrivés ici il y a moins de trois semaines sans n'avoir jamais tenu un manche à balai entre les mains.

Immédiatement Jean-Claude se retrouve plongé dans cette envahissante ambiance fébrile et passionnante qu'il vit pleinement. Maintenant il fait figure d'ancien, à dix-sept ans et demi..., il est partie prenante de l'encadrement de ce stage. Il sent sur ses épaules une part non négligeable de responsabilités quant au bon déroulement et à la conclusion finale de cette dernière semaine d'intense activité.

Il est heureux, voilà comment il envisage de passer toute son existence, avec l'exagération et la rigueur de son jeune âge, sans aucun compromis.

Dans son cas, l'avion devient un formidable moyen d'expression qu'il se doit de ne pas négliger, il est persuadé que seulement là il est lui-même, il a l'impression d'être quelqu'un qui a sa place sur cette planète, quelqu'un d'autre que le commun des mortels qui traîne sa carcasse toute une vie entre son appartement et l'usine.

Il se sent utile à quelque chose.

Chaque fois qu'il s'installe aux commandes et qu'il a bouclé sa ceinture, s'instaure une véritable communion entre lui et la machine dans le silence de l'espace environnant que rompt, ou accompagne, la chanson monotone du moteur. Ce vrombissement parfois assourdissant fait partie lui aussi de son univers, de son paysage en y apportant sa note sonore en complément de ses impressions, sans ce dernier détail il manquerait quelque chose à l'avion dont il est l'incontestable maître.

Pour cette après midi, le responsable de piste arrête les dernières consignes de vol et définit le rôle dévolu à chacun. Deux avions remorqueurs pourvoiront à la tâche et se partageront la mise en oeuvre de l'écurie. Le circuit n'est pas encombré en ce milieu de semaine, les journées raccourcissent à vue d'œil, il faudra être rapide et ne pas perdre trop de temps lors des manœuvres intermédiaires, l'avion étant seul pour le retour à l'aérodrome.

Théoriquement et légalement, cette plate-forme est classée à usage restreint, exclusivement réservée aux appareils basés et ceux attendus sur préavis, munis des autorisations officielles nécessaires. Aujourd'hui, personne n'est annoncé et seuls les habitués fouleront l'herbe de la piste.

La proximité immédiate d'une base aérienne d'essais en vol limite considérablement l'espace utilisable dans le secteur. Les planeurs seront remorqués en direction du sud vers un environnement beaucoup plus accueillant et plus disponible avec moins de contraintes quant aux trajectoires à respecter. Leurs évolutions finales auront alors une toute autre destination, une bande gazonnée à peine balisée vient d'être aménagée, elle servira de terrain de secours et sera utilisée au cours de cette après-midi.

Seuls les premiers décollages en remorqué sont effectués au départ de l'aérodrome principal. Dès le premier largage les planeurs changeront d'objectif et glisseront doucement vers le sud, vers un plateau bien connu maintenant des pilotes qui étend sa pelouse naturelle de l'autre côté du village.

Comme toujours la prudence habituelle est de rigueur avec ses restrictions parfois excessives mais indispensables au bon déroulement des opérations aériennes.

Jean-Claude est pratiquement prêt pour l'agréable séance de servitudes. Le parachute réglementaire et obligatoire est sanglé sur son dos, il chausse le serre-tête en cuir, ajuste ses lunettes rondes, un peu comme celle d'un soudeur, sur son front et entreprend l'escalade du fuselage du MS 317 aux commandes duquel il s'installe pour un temps encore indéterminé.

Il connaît bien la machine maintenant et le dialogue va pouvoir débuter sans autre cérémonie dès que le mécanicien, après avoir hurlé ses commandements rituels, lancera la grosse hélice de bois qui entraînera le crachotement des tubulures d'échappement dans un nuage noir et gris qui s'estompera peu à peu au fur et à mesure que le moteur retrouvera un rythme habituel et plus harmonieux.

Bientôt le Morane roule en zig zag, d'une allure un peu gauche, et cahote en quittant le parking pour aller se placer devant les planeurs qui étalent sans aucune pudeur leurs grandes croix claires sur le vert jauni de l'herbe séchée par un ensoleillement sans réserve.

Pour ce premier départ, ce sera un biplace d'école qui sera attelé derrière l'avion. A son bord, le chef pilote et un élève débutant seront les premiers à se diriger vers le nouveau terrain d'exercices où se trouve déjà une équipe de stagiaires qui a rallié les lieux par voie de surface.

Une légère pression sur la manette des gaz fait avancer l'avion, le câble, que l'on vient tout juste d'arrimer aux deux extrémités se tend sans heurt.

L'aile du planeur est levée et maintenue horizontale. L'attelage prend son essor, laissant le servant qui vient de lâcher la « plume » du C800 planté là, au beau milieu de la piste après avoir couru une dizaine de mètres pour accompagner le planeur lors de sa prise de vitesse qui lui a donné la portance nécessaire au vol.

* * *

A quelques pas de là, devant un hangar voisin, deux hommes s'affairent auprès d'un Morane 500. Ils sont un peu de la famille, aujourd'hui ils ont délaissé le vol à voile pour un travail précis et délicat. Ils ont décidé de procéder à l'étalonnage de quelques instruments de bord qui seront ensuite montés sur un appareil en cours de restauration dans l'atelier voisin appartenant à l'amicale Jean Baptiste Salis qui se dresse à quelques mètres, derrière le premier rideau d'arbres, un peu en retrait.

Les deux passionnés ne reculent pas devant ce travail minutieux, l'un d'eux vient récemment de conclure ses études d'ingénieur en aéronautique et trouve là matière à mettre en pratique ses connaissances théoriques durement acquises. Le second est un pilote chevronné qui l'accompagnera et essaiera de respecter au mieux les différents paramètres de vol qui lui seront indiqués par le spécialiste. Après cela, en fin de soirée il relaiera Jean-Claude aux commandes de l'avion remorqueur.

Ce vol d'étalonnage, bien que délicat et précis, ne comporte aucun risque et n'engendre aucune disposition particulière si ce n'est que le survol à basse hauteur bien dans l'axe de la piste en service. Celle-ci matérialisera d'une façon concrète et précise la base des « tops chronos » à prendre et la trajectoire idéale d'évolution nécessaire au relevé des données qu'impose le navigateur. Plusieurs passages successifs, dans les deux sens, seront indispensables afin d'annuler au maximum les effets contrariant du vent et de préciser au mieux les comparaisons des données enregistrées entre les différentes indications instrumentales et les calculs théoriques.

L'équipage n'en est pas à son coup d'essai, sa méthode de travail est maintenant bien au point. Plusieurs instruments ont déjà été étalonnés de la sorte et donnent depuis lors entière satisfaction à leurs utilisateurs qui en ont équipé leurs appareils.

Le MS 500 fait entendre la chanson de ses cylindres, un vrombissement de plus envahit le plateau. Bientôt l'avion roule maladroitement perché sur ses deux grandes jambes d'échassier que freine par endroits l'herbe haute que la faucheuse a totalement ignorée lors de son denier passage entre les balises.

Jean-Claude vient de libérer son premier planeur qui évolue maintenant en toute liberté dans la zone d'action de l'aérodrome provisoire et sommaire qui lui est dévolue. La campagne qu'il connaît parfaitement défile sous les ailes de l'avion qui regagne sa base en traînant derrière lui le câble, objet pour l'instant inutile et encombrant, pourtant indispensable et nécessaire pour ce travail de cocher de l'azur.

Les contours de l'aérodrome se profilent à quelques kilomètres au nord, Jean-Claude connaissant parfaitement les lieux et l'activité actuelle qui y règne, emploie une procédure raccourcie et rapide avec une approche en direct sur l'axe d'atterrissage qui est le même que celui utilisé pour le décollage il y a seulement une dizaine de minutes.

En cette saison le soleil est assez bas sur l'horizon, il diffuse ses rayons au travers d'une légère brume sèche qui a pour effet de diminuer très sensiblement la visibilité vers l'ouest. Heureusement, pour les dernières manœuvres d'arrivée, ce soleil sera de dos et ne présentera aucune gêne au jeune homme qui raccorde sa trajectoire et s'engage dans une dernière ligne droite.

Le Morane 500, sans méfiance aucune, continue docilement son va et vient. Ses grandes ailes caractéristiques, avec leurs peintures « ex-militaire », se confondent un peu avec le sol et marient leurs couleurs avec celles des champs et des labours environnants.

Le vent est calme, les mesures sont beaucoup plus aisées que prévu initialement à réaliser, encore un aller-retour et la mission pourra être considérée comme accomplie. Il ne restera plus qu'à dépouiller rapidement les résultats, les comparer avec les valeurs calculées et soigneusement notées et le tour sera joué. Dans le moindre doute un second vol sera effectué dans la foulée pour confirmer, cela ne sera pas nécessaire aujourd'hui, les deux hommes qui composent l'équipage sont assez sur d'eux, ils ont déjà prouvé, dans un passé récent, leur sérieux et leur capacité à effectuer un tel travail quelle qu'en soit la difficulté réelle et la précision requise.

Jean-Claude ignore totalement ce décollage et n'a eut aucune connaissance préalable de ce vol, en cette année 1964 les appareils ne sont toujours pas équipés obligatoirement d'un poste radio VHF émetteur-récepteur, aucun contact n'est possible pour informer un avion en vol du trafic évolutif sur la plate-forme. Seule une extrême vigilance de la part des pilotes assure la sécurité.

Le MS 317 engage sa procédure finale, face à la piste.

Un petit coup de manche vers l'avant, l'avion descend vers les planeurs qui attendent, Jean-Claude va s'efforcer de larguer le câble assez près d'eux, sans prendre le risque d'endommager l'une des machines qui stationnent à cet endroit et, après un rapide passage bas il dégagera vers la droite en remontant un peu pour se placer dans l'encadrement d'un circuit extra court suivi d'un atterrissage presque immédiat.

Cette manœuvre délicate ne demande qu'un pilotage précis et une parfaite maîtrise de la machine de la part du pilote. Les nombreux remorqués effectués précédemment ont prouvé que le jeune homme est parfaitement apte à entreprendre cette procédure expéditive.

Jean-Claude se concentre sur son pilotage, la main gauche tire prestement sur la boule rouge qui libère le filin et se reporte rapidement sur la manette des gaz qu'il pousse afin de réactiver le moteur comme il en a désormais l'habitude.

Le câble choit au bon endroit, à seulement quelques mètres du premier planeur, un rapide coup d'œil vers le bas le lui confirme et Jean-Claude est satisfait de sa prestation, vite, il faut se dépêcher.

Le Morane 500 poursuit tranquillement son vol un tout petit peu plus bas que le sommet des arbres qu'il vient de survoler. Son pilote est certainement très gêné par ce soleil de face qui réduit à néant sa visibilité vers l'avant, encore quelques minutes et tout sera terminé. Les deux hommes commentent déjà leurs impressions et les premiers résultats constatés.

Sans brutalité Jean-Claude amorce sa chandelle en virage à droite qui l'amènera à une hauteur de sécurité, mais face au soleil.

A ce moment précis il est juste sous le Morane 500 qui vient de surgir…, il ne le voit pas…, il ne peut pas le voir, gêné par ses grandes ailes, en pleine manœuvre…

C'est le drame…

L'incroyable drame ponctué par les débris enflammés des deux appareils qui brûlent de concert, à quelques mètres l'un de l'autre, en bordure de la piste transversale, sous le regard effaré des témoins qui, du sol, ont assisté à l'abordage sans ne rien pouvoir faire, ne rien pouvoir tenter…

Epilogue

Dans les flammes et la fumée qui gênent considérablement les sauveteurs s'achève le dernier souffle de trois victimes de leur passion commune. Comme si le ciel s'octroyait le droit de se venger de ces hommes qui font partie de ceux qui le défient et veulent le vaincre, même pacifiquement.

Comme le marin, comme l'alpiniste, les hommes de l'air règlent un lourd tribu à cette généreuse nature qui sait donner beaucoup, mais sait aussi, parfois, reprendre en s'emparant de la vie de quelques passionnés qui oublient un court instant toutes les conséquences engendrées par le moindre moment d'inattention.

Les éléments naturels, mer, montagne, espace aérien, connaissent des revirements soudains et parfois inexplicables dans les connaissances actuelles des choses, offrant sans compter des joies insoupçonnées sur le plancher des vaches. Les conditions climatiques mettent parfois leur grain de sable dans la sérénité apparente des choses acquises et c'est le drame qui se déclenche. Le vent et la tempête pour l'homme de la mer, le froid et le brouillard pour l'homme de la montagne, l'un et l'autre, quelquefois les deux plus le soleil pour l'homme de l'air sont à redouter et peuvent frapper sans prévenir.

Pour Jean-Claude, ce soleil qui réchauffe tant et fait rayonner la joie sur notre planète vient d'anéantir tout par sont éblouissement, comme pour Icare il avait fait fondre la cire qui retenait les plumes qui lui permettaient de voler en se rapprochant encore un peu plus de l'astre de vie.

D'autres pilotes, aussi jeunes et aussi passionnés relèveront le flambeau. Demain les planeurs repartiront à l'assaut de l'azur, accrochés à leur remorqueur. Dans quelques temps l'herbe aura repoussée à la croisée des pistes, il ne restera aucune trace visible du drame, des hommes continueront à s'entourer de mécanique de plus en plus perfectionnée afin d'affronter les éléments naturels d'où ils se sentent exclus par leurs origines même.

D'autres noms iront rejoindre la liste non exhaustive de ceux qui payent de leur vie afin d'assumer leur passion, victime de la vengeance du ciel.

La vie est ainsi faite et Francis ne peut que se souvenir.

— Adieu Jean-Claude, adieu mon ami.

Postface

Ce roman est une histoire vraie, le drame s'est déroulé le mercredi 9 septembre 1964 sur l'aérodrome de la Ferté Alais.

Lorsque j'ai terminé mon manuscrit, je concluais par :

— d'autres noms iront rejoindre la liste non exhaustive de ceux qui payent de leur vie afin d'assumer leur passion.

Je ne savais pas alors…

Jeudi 23 avril 1992, un groupe de dix avions légers en mission humanitaire vers les pays de l'Est décollent de Effurt, en Allemagne, à destination de Katowice, en Pologne.

Les conditions météorologiques sont déplorables, les minima nécessaires au vol à vue ne semblent pas régner sur le trajet, mission oblige, et le départ est donné.

Six appareils empruntent une route par la plaine qui leur fait survoler routes et autoroutes dans un secteur relativement plat. Deux avions seulement arrivent à destination, les quatre autres se posent sur différents aérodromes civils et militaires entraînant quelques complications administratives.

Un second groupe de trois appareils opte pour une trajectoire plus directe jalonnée par une balise VOR (radio balise de navigation) situé sur un sommet des Sudètes qui longent la frontière Tchécoslovaque.

Un pilote abandonne et se déroute sur Dresdes avant d'aborder la montagne dans de mauvaises conditions. Les deux autres, surpris par le relief et les nuages bas, percutent la montagne, à trois cents mètres l'un de l'autre. Quatre morts, c'est ce que nous pouvons lire dans la presse qui relate l'accident.

Dans l'un d'eux, un jeune pilote professionnel de 22 ans tenait les commandes, Sébastien Réault.

Qui était Sébastien Réault ? le court texte lu par un membre de l'aéro-club d'Aubigny sur Nère lors des obsèques du jeune pilote permettra de comprendre pourquoi j'associe cette affaire à mon livre, ce n'est que la triste confirmation de ma phrase de conclusion, hélas incontournable quand la passion des choses devient une destinée…

« Sébastien s'est envolé, mais pas comme les pilotes aiment le faire habituellement.

Résumer sa vie n'est chose simple car elle a été bien trop courte, elle n'en est pas moins riche.

Venu à l'aéro-club d'Aubigny alors qu'il n'avait que onze ans, son père, René, qui apprend à piloter, lui transmet le virus des choses de l'air. Cette passion ne va cesser de croître au fil des ans

Sébastien, tu commences à piloter fin 1984, tu es breveté en 1987 et déjà, en 1989, tu participes au Tour de France des Jeune Pilotes. L'année suivante, ta motivation et tes compétences te font sélectionner par l'Aéro-club de France aux Cadets de l'Air et partir représenter la jeu-

nesse aéronautique aux USA. Après ton baccalauréat et une année de Maths-Sup tu choisis de te consacrer exclusivement à ta passion et obtiens avec succès tous les certificats théoriques du Brevet Pilote de Ligne, ce qui représente un travail gigantesque.

En mars dernier, tu deviens Pilote Professionnel et commences à la suite une formation qui doit te mener à l'instruction du pilotage. Toujours sur ta lancée se présente, fortuitement, l'occasion de cette opération humanitaire. Ta soif d'apprendre, de progresser, et d'aider les autres aura raison de ta vie.

Sébastien, tu es et restera toujours parmi nous, parce que tu représentes des valeurs qui sont, de nos jours, bien trop rares. Très jeune tu mets en pratique ton sens du dévouement en représentant les pilotes de ta génération au sein de l'Aéro-club d'Aubigny.

Sébastien, ton amitié, ta gentillesse, ton dynamisme, ta persévérance, ton sérieux, ton sens de la vie en communauté, toutes ces valeurs qui te caractérisent, personne ne les oubliera.

A Fabienne, Colette, René, à ta famille, nous promettons une amitié fidèle et un soutien sans faille. »

Le parallèle entre ces deux destinées ne peut laisser indifférent l'instructeur expérimenté que je suis devenu entre ces deux drames, après plus de trente années d'instruction en aéro-club.

Ces deux jeunes pilotes comptent au nombre de mes élèves.

Comment faire pour insuffler sa foi, sa passion aux jeunes sans en encourir cette vengeance du ciel qui fait mal, très mal…, et peut même faire douter…

Sébastien devait participer aux sélections régionales afin de se présenter au championnat de France de pilotage, Stéphane (21 ans) a pris les commandes du Jodel…

Et puis ce fût Hervé, qui disparut en cette nuit d'orage du 6 août 1994, victime lui aussi de cette vengeance du ciel, c'était également un de mes élèves…

Et puis…

Aubigny, novembre 1994
François Dabin

Table des matières

www.ingramcontent.com/pod-product-compliance
Lightning Source LLC
Chambersburg PA
CBHW020549051126
54379CB00040B/458
* 9 7 8 2 7 4 8 3 4 0 7 8 5 *